廣告設計策略與管理

打造廣告人安身立命的生存法則

翟治平　著

全華圖書股份有限公司

作者序 PREFACE

在市面上有不少設計類的書籍，不是走實用性的方向不然就是走純理論的書籍，因此在撰寫這本書的時候，就在思考是否可以有一本書是有實作教學，且又有理論加以佐證的書籍，讓學界與業界可以有不同面向的論述可以參考。此書將設計的策略面如何進行到視覺設計層面，其間的轉換過程步驟，運用手把手教學的詳細解説方式，讓讀者理解在做設計稿前，都需先經過策略面的訓練，而不只是一張美美的稿子而已。

這本書是從設計的角度來敍述，當在做一張設計稿時的創作順序，在執行前要採取的過程會運用到那些步驟，才能做出何於市場要求的稿子。因此從歸納出市場定位、區隔，以及了解想要販賣的對象，與購買此產品的消費者心理認知是甚麼，先了解整個的市場架構，再去思考視覺的創意與構圖，以避免淪於「我認為」消費者應該會喜歡的自我意識，否則當面對市場的殘酷試煉時，所謂的應該、或許、可能這種模稜兩可的概念，通常無法經過市場考驗而敗下陣來。

藉由書裡的廣告視覺創意思考流程，讓每個章節層層詳細的解説創意思考的過程，像創意原來是可以運用翻書找尋圖像的方式，加以臨摹轉化最後變成可得獎的稿子，並藉由相關案例的圖説，用手把手教學的過程，讓你更能清楚在執行廣告畫面時，所要注意的每個細節，最終才能讓廣告創意具有市場性，而不是只從設計的角度去做發想。因為只有從整體的市場環境，跟消費者的心理層面去思考視覺圖像，進而產生出有因有果且能引經據典，有學説理論做依據來加以論述時，才更能説服消費者。因此書中也將圖像學理論，應用在廣告圖像的論述加以解析，讓廣告有相關的理論可做參考應用，之後產生出來的畫面，才會更加符合消費者市場的真正需求。而文案對於設計人來説是比較辛苦的事，此書教你除了翻書轉化出新的圖像之外，也會用知名的文案作品，讓文字也可以臨摹翻轉，最後變成得到文案對白類金獎的作品，全書內文皆以圖文對照的方式，讓你能夠很快的理解，顛覆出自己的大創意！

現今廣告的定義已經不再只是做電視與平面廣告而已，以前廣告是以四大傳統媒體：電視、廣播、雜誌與報紙的運作方式來執行，但現今由於網路興起以及媒體的傳播方式轉變，已經讓廣告的表現形式與內容，都跟過去的時代大為不同。尤其是媒體越來越多元，像是自媒體的社群發文與影像拍攝等，Podcast 的頻道傳播，這些媒體環境的整體改變，其實都已經被整個涵括在廣告的領域裡面了。就像 Facebook 改名 Mata，也正是因為 VR 虛擬實景越來越熱門，所以 FB 朝向了元宇宙境界進行，還有像 3D 裸視運用在戶外媒體上，這些廣告傳播的跨領域匯流模式，正在改變我們目前所處的這個世界。

基於科技的不斷進化，本書內容所講述的廣告，就不再只僅限於昔日的傳統媒體，像自媒體的運用方式，無人機所產生的龐大廣告效益，以及戶外媒體與觀眾間的互動感受，都是現今在做廣告時，必需將其整合規劃一起思考才行。

目前許多廣告與設計公司，早已經是多元性的發展，更由於這兩年疫情的肆虐，讓廣告加速朝運用數位轉型，傳播方式也從實體轉為線上執行，這些改變都再再的與昔日廣告圈營運模式大相逕庭，尤其日後廣告在 5G 以及沉浸式體驗科技的帶動下，整體運作方式也都會跟著與時俱進。

雖然廣告的形式一直改變，但基本上都還是得由策略面進化到視覺面，這個原則並不會因為媒體的轉換而有所不同，因此本書的每個步驟，都希望能帶給讀者不同的思考模式，當日後在做創意發想時，能有參考的依據。

瞿治平

2022.12.1

推薦序 | FOREWORD

有書才會贏

2007 年 4 月 6 日，當我在台北敦南誠品舉辦廣告創作個展，當天在將閉館前，有一位老兄，手抱著一盆花，氣喘喘地衝進展場，我擁抱著他，什麼也沒說，因為我知道，這就是「翟式創意，永遠會留下讓人難以忘懷的感動」，至今 16 年了，我始終沒忘記那 moment ！！

他年紀小我不少，但在廣告創意的成長過程卻與我極其相似，從業界到學界、從金犢到金像獎、從創意策略到廣告文案、從創意評審到大學評鑑，雖說沒有瑞士刀般的十八般武藝，卻也該有的專業技術樣樣精通。這正是為什麼他是在全台的廣告創意教師中，最能讓我關注他動向的一位雙棲教師。

就在幾天前，他來電希望我能在他即將出版的新書寫一篇序文，剎那間心頭充滿了驚喜又忌妒的矛盾，他怎麼可以在我決定放棄寫書寫回憶錄當下，居然偷偷進行、大膽出書，在當今電子數位裝置幾乎取代紙本印刷，書給誰看？誰會買？直到收到他傳過來的幾大章節，我懷著踢館的心眼逐一檢視內容 ...... 對不起！我錯了！我輸了！我錯估了這本新書的能耐！ ......

如果大家光是讀到目錄九大章節，有經驗的老鳥一看便知 ...... 從時代的角度：有早期有近期，有現在有未來，有傳統有多元。從內容的角度：有故事感性有數據理性，有邏輯思緒有案例解密，有競賽全技有武林秘笈。從效益價值角度：有法則有方法，有學效有教效，有刺激腦穴有放大眼界。最大的差異點，就在不只適合本科系同學的學習，年輕教師更需要從此書去強化，目前學界最缺的就是策略思考，以及永遠又痛又難教的文案撰寫功力。

等待多年，總算盼到一本能整合因應多元廣告創意，可學、可教、可用又可敬的好書！幫我圓了我的大夢，我把它命名為「2023 年，廣告界治平專案」。

一機在手，不如一書在握！

有書才會贏

恭喜翟兄，有書真好，有你真好！！

何清輝 2022.12.1

BBDO 黃禾廣告有限公司 營運董事

跨界廣告人 - 得獎大戶不藏私的秘訣

剛獲得時報金犢獎頒發「30 年貢獻獎」的翟治平老師，跟我提起了他要出書的構想，我當下就雀躍萬分。除了又可以多一本熱愛收集的作者親筆簽名書，同時更期待看到一位跨界廣告人、得獎大戶，如何寫他的新書！

在時報獎的發展歷程中，翟老師是個很特別的存在，直白一點說，他什麼角色都扮演過。他曾是參賽者、也曾是評審委員，曾經指導學生拿到「年度最大獎」，更組隊奪得六次「最佳學校金犢獎」。他擔任過領獎人、頒獎人，也擔任過評審團主席。曾經跟隨金犢創意節一起在北京評審，亦曾經在北大演講，分享創意。

翟老師待過麥肯集團，擁有產業界的豐富經驗，使他在教學時，擁有更多的觀點及內涵。他務實、善於溝通，面對各項問題，能夠直指痛點，並提出解決方案。很有趣的是，在時報獎團隊進行新項目評估，調研業界和學界的意見時，翟老師也是個出色的諮詢顧問，總會聽到不同的提報人說著同樣的話：「翟老師說……」

打開新書目錄，標題非常吸睛。他說「行銷策略比視覺創意更重要」，這讓我想起去年在製作時報金犢獎 30 週年紀錄片的時候，翟老師在專訪中也一再強調這一點：「做廣告首要了解策略」，指導同學參賽時，只要作品不符合策略，他一律要求重作，因此常常指導學生到半夜。這樣嚴格的要求和對學生的用心，也就是他屢屢得獎的秘訣。

在書中，他也點出學生創作最常犯的錯誤，那就是訴求對象模糊不清。他說：「做設計前先釐清對象是誰」，廣告人常說「先搞清楚ＴＡ」，金犢獎常提醒「打對對象」，都是同個道理，只有清楚對象，才能達到廣告效果，才會是好創意。我也很喜歡書中提出活化左右腦的訓練、創意思考、說故事的魅力，以及掌握趨勢的社群媒體和網紅經營。這每一個章節都可以獨立成好幾本暢銷書啊！不愧為跨界廣告人！

從豐富的題材中，希望每位讀者都能從不同的面向，汲取自己所需，也相信這本書能夠成為大家設計升級的好幫手，更期待這本書能夠暢銷！

時報獎執行長 一 金犢獎之母

推薦序 | FOREWORD

一窺全貌、步步解鎖廣告行銷操作關鍵

在廣告界已經 40 多年，到現在還在最前線每天水 來火裡去拼戰的我，看到了翟老師出的這一本書，心想如果當年我從會計系畢業進入廣告公司時，坊間就能找到這本書，該省掉多少摸索路！

我喜歡這本書命為「廣告設計的策略與管理」，開宗明義就講到行銷策略比設計思考重要，甚合我心，所有的廣告策略其實是最核心的起頭，沒有策略，或是策略錯誤，後面的創意其實就沒有 guide line, 只可惜到目前為止，很多做廣告行銷的，甚至是客戶，對策略無法精通，導至每次提案，都只會説創意有問題，殊不知大部分關鍵可能是策略出了問題！

廣告公司分很多流派，例如有歐美的奧美、日系的電通………，事實上每一家的行銷理論最核心都是一樣，也是書上所敍述的 STP 基本道理，但卻是做廣告行銷人一定須思考的步驟，經常在廣告實際作業時，總是會發現工作同仁，經常忽略了這些的重要性，或是做了這些卻找不到真正關鍵，在這本書中，可以一窺全貌，獲得解鎖！

創意其實很難言傳，這本書翟老師用非常有系統的方式介紹整個廣告行銷的完整操作方法，從創意發想到文案寫作，從策略到實作，一步一步剖析並引用了很多的實際例子做對照解説，非常具 輯有系統的引導；特別是在「創意元素的寶藏製造機中」提及的發想技巧，「視覺創意的魔法生成術」，「寫出受眾內心世界的廣告文案中」，……每一章節中都有很具體而有效的方法，深入淺出、教導如何建構整個廣告操作的完美步驟！

書中也提及了電通獨家研發的 AISAS, 提到所有的廣告行銷，不論環境和工具再怎麼演變，都還是要回到最初 attention 和 interesting, 這一點也是我經常拿出來跟客戶溝通的重點，更是所有廣告行銷追求的根源！

感佩多年來翟老師的教學的超乎常人的熱情用心之外，現在還這麼奮力的把自己長年專長，字字撰寫出來，傳給更多想了解廣告行銷的人，這本書讀後最大的心得是，初學者看了可以立即打通任督二脈，而已在廣告行銷工作有經驗的人，也值得回頭細讀重新檢視思考，必然可再增加功力！無疑地，這是一本最實用實效的行銷人必備工具書！

電通 Dentsu mb SPAT 創意長＆首席商務長

學廣告，要紮馬步

廣告是有趣的行業，在大學選系排名，「廣告」已超過「新聞」，成了熱門的選項；但很多學生對廣告的認知，還停留在「術」的想像，而沒有「學」的概念，認為只要會畫畫、會天馬行空胡思亂想就可做廣告。

這當然是錯的，廣告分三個主要領域，業務、企劃、媒體，所以好的廣告一定得掌握 3M 原則－ Message、Media、Money。

Message：指的是「訊息」因素，廣告如何扣緊消費者的心？

Media：指的是「媒體」因素，廣告如何彈不虛發、標標中的？

Money：指的是「預算」因素，廣告費用如何用在刀口，而不是拋到水裡？

請問 Message、Media、Money 這三個因素只是「術」嗎，不需要紮實的學術訓練，就可以扣緊消費者的心，或是懂得選對媒體，去安排預算分配？當然不是，所以在廣告領域，理論訓練就是紮馬步的基本功，馬虎不得。

就以 Message 訊息設計來說，就必須懂閱聽人心理與行為，為什麼相同廣告給不同的人看，每個人會有不同的反應，消費者為什麼有選擇性曝露、理解與記憶的過程，挑三揀四；廣告明明是低涉入感學習，看了就忘，但為什麼卻有其潛移默化效果；閱聽人如何採「中央途徑」或 「週邊途徑」解讀廣告，哪種方式對廣告主有利？為什麼醬油廣告的女模特兒總是笑臉迎人，而精品包包的模特兒，卻酷酷的，不太甩消費者？

這些設計上的眉眉角角，都可以從學理上找到解釋，所以廣告創意絕不是靈光乍現，而是要有紮實理論訓練，翟治平教授的《廣告設計策略與管理》，就是在理論的基礎上，帶領讀者一步步磨劍練功，從基礎 STP 的思考，到對消費者的觀察，素材拆解與轉化，文案寫作、圖像設計，應用範圍也從傳統媒體，到新媒體 Podcast，甚至 NFT；也就是透過本書就可以在理論的基礎上，做技藝的精進。

喜歡廣告嗎？好書難得，本書如同劍譜秘笈，若得悟，自可縱橫廣告江湖。

TK Cheng 鄭自隆

國立政治大學傳播學院 兼任教授　2022 年初冬

目錄 CONTENT

1

一個驚奇冒險的旅程 —

進入廣告界的自我認知

2

策略讓靈感不踩雷 —

視覺創意的思考流程

3

創意元素的寶藏製造機 —

活化左右腦的觀察力訓練

4

視覺創意的魔法生成術 —

素材拆解的轉化培訓

5

寫出受眾內心世界的廣告文案 —

文案四大元素與七種呈現方式

6

圖像設計理論的實踐與應用 —
用理論分析廣告

7

廣告與品牌的互為因果 —
CIS 與如何說動人的故事

8

設計細節如何做？ —
手把手教你設計執行時不出槌

9

網紅與社群媒體的活用術 —
戶外廣告與未來的媒體趨勢

一個驚奇冒險的旅程 —

進入廣告界的自我認知

「廣告」可以說是一個讓人愛恨交織的行業，因為每個案子都會有時間的壓力，在製作廣告的過程當中，腦細胞不知死了多少回，絞盡腦汁、輾轉難眠的思考創意過程，更要經常不分晝夜的進行。然而，每當想要放棄時，只要看到客戶對於成品的推崇、觀眾對於內容的共鳴，那種心裡的悸動與成就感又會激發自己再一次進行凌虐腦細胞的過程。當看到自己的作品在電視頻道，或是在其他媒體出現時，便可帶給自己心靈上的滿足感，這在其他行業是很難感受到的。

昔日在麥肯廣告工作的時候，每當進行比稿階段，幾乎全公司都得挑燈夜戰，甚至得睡在公司裡，可說是一個與時間賽跑的高壓行業。所謂的「比稿」，指的是某業主要外包案件，找幾間公司提出專業企畫，業主再從這些公司中，挑選最適合的團隊合作。

總體來說，製作廣告就是一份藉由不斷的腦力激盪與創意發想，進而激發自己無限潛能的工作。廣告重點不在於透過廣告傳遞了多少事實，而是要讓受眾覺得：「你講的是真實且能被相信的」。光這點就很折磨人，因為用消費者的角度來看廣告，以及從創作廣告的角度來看廣告，心態是完全不一樣的。消費者通常只會覺得這廣告很有趣，或是這廣告很機車，但是不一定能看懂廣告背後所要傳達的意涵。

「有買賣，就有廣告」，正是買賣行為而延伸出了廣告行銷模式。世界上最早的廣告稱作「口頭廣告」，又稱「叫賣廣告」，透過聲音來做最原始簡單的宣傳在古希臘時代，無論是販賣奴隸或者是牲畜，都是透過叫賣。招牌則是古代廣告的另外一種形式，在北宋畫家張擇端的《清明上河圖》中，可以看到北宋京城汴梁有數十個店家招牌（圖 1-1），而招牌就是最直接的戶外廣告，真的是一幅最能描繪廣告表現的最佳名畫範例。

● 圖 1-1　清明上河圖中出現的店家招牌，是古代的一種廣告形式。

昔日的廣告主要是集中在傳統四大媒體—電視、報紙、雜誌、廣播，近年來由於網路的興起，新媒體繼而產生，網路新媒體、移動新媒體、數位新媒體等。數位媒體的興起對出版業影響頗為巨大，尤其是年輕人對於資訊已經越來越習慣在電腦或是手機獲取訊息，從蘋果日報在 2021 年 5 月紙本停刊之後，更可以看出媒體出版業的困境急待轉變與轉型。從圖 1-2 紙本新聞發行趨勢圖就可以看得出來，從 2012 年開始十年來數位平台興起，對新聞媒體出版業的影響頗為巨大，這點可以從曲線圖看到，不管是報業或是雜誌業都不例外，發行量將近萎縮了一半，因此報紙雜誌等新聞出版業都積極努力轉型，以期能夠找到在現今市場上能夠繼續存活的方式。

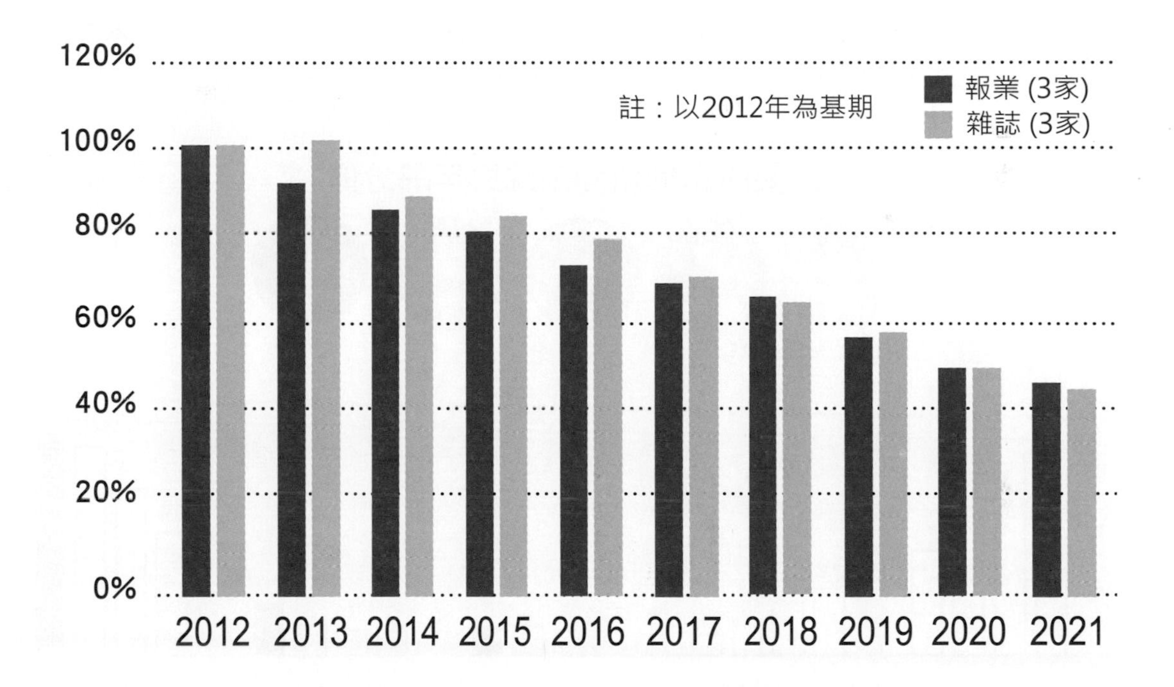

● 圖 1-2　新聞媒體出版業紙本發行趨勢。
（資料來源：數位平台對出版業新聞媒體之影響 - 調查報告）

網路的興起使資訊的傳播方式越來越多元，不同年齡層對於資訊來源管道的取得，其差異也就越來越明顯。從圖 1-3 中可以觀察到，18~34 歲世代主要從網路以及社群媒體獲取資訊，而 45 歲以上世代則是從電視跟印刷媒體，不同年齡層對於習慣的資訊來源差異頗大。

如今自媒體時代來臨，身為廣告從業人員，各種知識領域都必須要多所涉獵，如此在進行創意轉化的時候，才會知道此次的案子適合用哪一種表現方式來呈現，做出最符合消費族群的作品。

正因為現在的廣告形式跟以前有很大的不同，想要進入廣告行業的人，必須要更廣泛的吸收知識以及多加閱讀，尤其是讓自己保持熱誠，廣告從業人員的損耗率實在很高，因此在這個工作生涯中，必須讓自己的觸角伸得更廣更遠，並時刻保有入行時的初心，才有辦法在廣告業界存活並發光發熱。

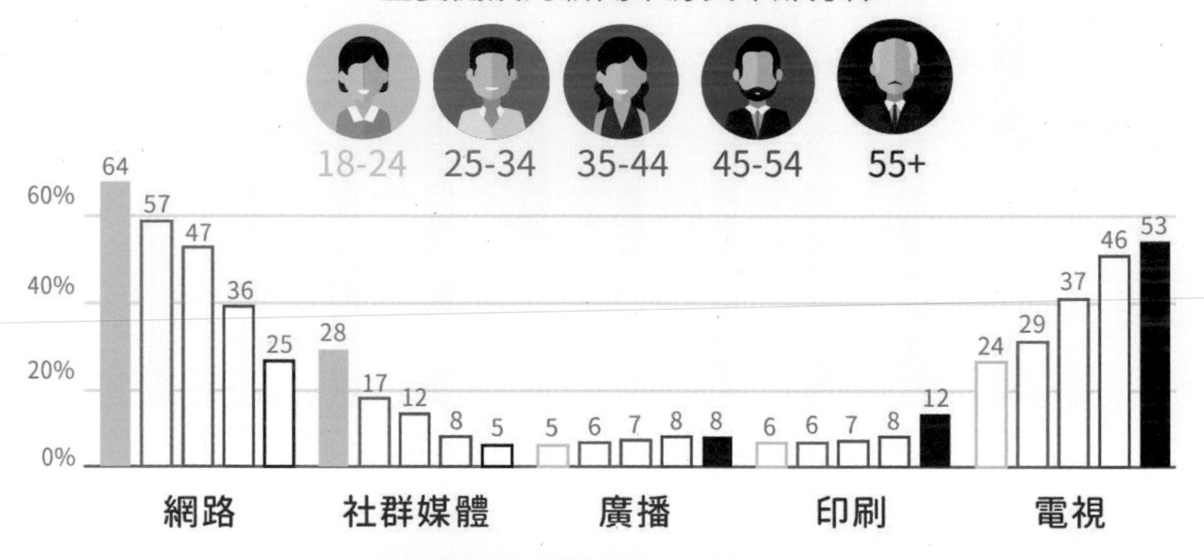

圖 1-3　不同世代對於傳統媒體，與新興媒體的閱讀習慣差異。
（資料來源：大數聚 Big Data Group）

1-1 廣告裡的設計認知

如何做出令人有感的廣告？首先要了解：「什麼是廣告設計的本質？」許多人認為廣告設計就是製作一幅美美的畫面，或是漂亮的視覺形象，但這些只是外在的視覺美感呈現，廣告最主要的目的就是為了「讓受眾對廣告所傳遞的主題產生共鳴」。

無論是功能性或是機能性，甚至是心理層面，設計者必須要思考如何在有限的時間或空間裡，藉由視覺的刺激以及設計策略有效抓住觀看者的目光，加深觀看者的印象，然後依循廣告所傳遞的主題進行購買、消費或其他符合廣告目的的行為。廣告並不是給人「欣賞」的，讓觀看者在看完後能產生後續的相關行為，才能算是真正成功的廣告。

一、行銷策略的設計比視覺設計來得重要

前面提到，一個廣告要成功，除了外在的視覺美感呈現，策略層面的思考論述是最為重要的，尤其是在行銷領域上。好的廣告設計必須從企業經營的理念到產品功能，再到消費者心理和使用行為模式，以及生活習慣等方面來進行論述。可採用行銷學中的 SWOT 優劣分析法（圖 1-4）、STP 理論等方式來進行歸納與分析。

優勢（Strength）/ 劣勢（Weakness）

公司或產品本身能夠掌控的內在因素，例如品牌故事、研發能力、行銷流程、媒體掌控、財務金流與產品特色等。這些因素若對本身產品或公司發展有正面效應的，即稱之為優勢，反之則稱為劣勢。舉例說明：早期的台鹽公司，其優勢是具有很強的研發能力，但相對通路就沒有其它的競爭廠商來得這麼多，這個因素就會變成公司的劣勢。

機會（Opportunities）/ 威脅（Threats）

公司或產品本身所無法掌控的外在因素。例如烏俄戰爭、政治議題、經濟趨勢、科技演變、人口因素等。整個社會走向是公司本身無法掌控，卻又對未來發展有長遠影響，這種外在環境因素，對公司或產品未來的發展有正面效應的，即稱之為機會，反之則稱為威脅。舉例說明：烏俄戰爭造成的影響，導致麵粉原物料價格大漲，對烘培業來說是極大威脅，但相對的，造成半導體晶片受影響而大缺貨，對許多電子公司來說，卻是極佳的機會去搶占市占率。

圖 1-4　SWOT 優劣分析法。

所謂的 STP 理論指的是：

1. 市場區隔（Segmentation）：本身的產品或公司與其他的產品或公司有沒有差異化？
2. 目標市場（Targeting）：所針對的消費族群是什麼年齡層，是學生族群還是銀髮族？
3. 市場定位（Positioning）：產品或公司在消費者的心目中是一個什麼樣的形象？是否可以用簡單的形容詞就可以描述出來？例如畢德麥雅咖啡，其品牌定位就是「精釀的行家品味」。

以上是 STP 理論的基本概念，詳細內容將於第二章做說明。

當面對問題時，首先就是要去了解，這個產品或是企業到底發生了哪些問題？經由理解與剖析，進而一層一層地把問題解決，最後再透過視覺設計，讓這個廣告在呈現給消費者時，能確實打動人心，進而產生相關消費行為。這背後正是因為廣告替消費者解決了某些問題，或者讓消費者獲得一些好處。先確認整體的市場走向與消費者的興趣喜好，再去探究讓人有感的視覺該如何成型，畢竟「設計就是要解決人所面臨的問題」。

然而，上述所提到的市場分析與消費者心理層面之探究，這點可說是讓許多設計人卻步，因為分析的過程中，不論是蒐集相關資料、探究消費者的心理行為、市場的環境分析等，這些步驟都需要花費許多的時間。不過，只有將想要傳達的對象資料分析清楚，才能理解消費者的需求是什麼，也才不會淪為自我想像與自以為是的窘境，進而與消費者的思維產生斷層。

二、了解自身產品的優劣，廣告才有著力點

以過去的經驗，無論是教學或是與業界進行產學合作，必定會進行業主與學生的雙向溝通，先理解自己產品的特色到底在哪裡？接著進行自身的產品跟其他競爭對手的比較，進而了解自己最大的優勢是什麼。

公部門在審核提案時，也都會提到一些最基本的問題，例如：

1. 請問你跟對手最大的差異與本身的特色為何？

2. 若預算給你之後，這個案子是否能夠執行？

這些都是在提案時，會不斷被追問的問題，所以就要盡可能的將問題先提出、過濾，加以解決修改後，再放到計劃案裡。

「容易迷失在外在形式的轉化，卻無法找出真正與其他競爭對手的差異化。」這也是許多設計人在設計時常會遇到的盲點。例如想要開一間披薩店，在規劃特色菜「泡菜披薩料理」時，並不是把許多東西通通加到裡面去，感覺又多又豐富才叫好吃，反而要思考：能不能用減法思維，設計出只單靠泡菜這個基本食材，就可以做出讓人垂涎欲滴的泡菜披薩？因為在披薩上面加了太多其他不同種類的東西，反倒可能讓泡菜從主角變成了配角，從而失去這道菜該有的特色。

簡單來說，就是單純的去思考：真正想要販賣的那個物品，是否可以用最單純的角度，讓消費者感受到吸引人的亮點？思考消費者是否會光憑這個單純的味道，就會去購買你的產品？所以在發想設計稿時，如何帶給受眾感動，就必須回歸到產品設計所強調的策略面，找出產品的特色元素之後，將之轉化成清楚的畫面。

1-2 做設計前先釐清消費對象是誰

要讓消費者有感覺的變數很多，有可能是地理變數，也可能是心理變數，甚至是性別變數，這些變數都會讓消費者產生不一樣的感受。在創意發想時，這些都是必須去面對的問題。所以設計者要能事先進行研究，先理解消費端的需求，而不是自己認為的需求。若是無法跟消費者心理認知站在同溫層的話，做出來的設計就很難讓人感同身受，容易跟消費者之間產生隔閡。

過去時常聽演唱會，觀賞的同時進行研究：為什麼這些歌手能夠歷久不衰，廣為粉絲所喜歡？聽眾的分布年齡層在哪裡？以玖壹壹和費玉清的演唱會為對比，在觀賞玖壹壹演唱會時，發現坐在身邊的聽眾以小學到國中年齡層居多，現場非常熱鬧，隨時都可以聽到小朋友們的歡呼聲與交談聲，螢光棒滿場搖晃不停（圖 1-5），能看出親子與年輕族群是玖壹壹主要的受眾。而費玉清的演場會，觀察到觀眾中有許多年輕人陪著爺爺奶奶一起，以及許多中年族群觀眾，從頭到尾都非常的安靜，所有人都專心的聆聽費玉清的天籟之音（圖 1-6），由此可知中年族群與銀髮族是費玉清的主要消費族群。

圖 1-5　熱鬧型演唱會，聽眾年齡層低。

圖 1-6　安靜型演唱會，聽眾年齡層偏中高。

再從圖 1-7 的 KKBOX 2019 年產業分析趨勢圖中可以看出，不同族群對於藝人的喜好度會有所差異。從這些圖表資訊及演唱會現場中所觀察到的結果就可以理解，在做設計的同時，唯有做好消費者分眾的分析，才能夠真正的去了解消費者的喜好，因為廣告設計的內容，肯定會隨著消費對象的不同，而產生不同的結果。

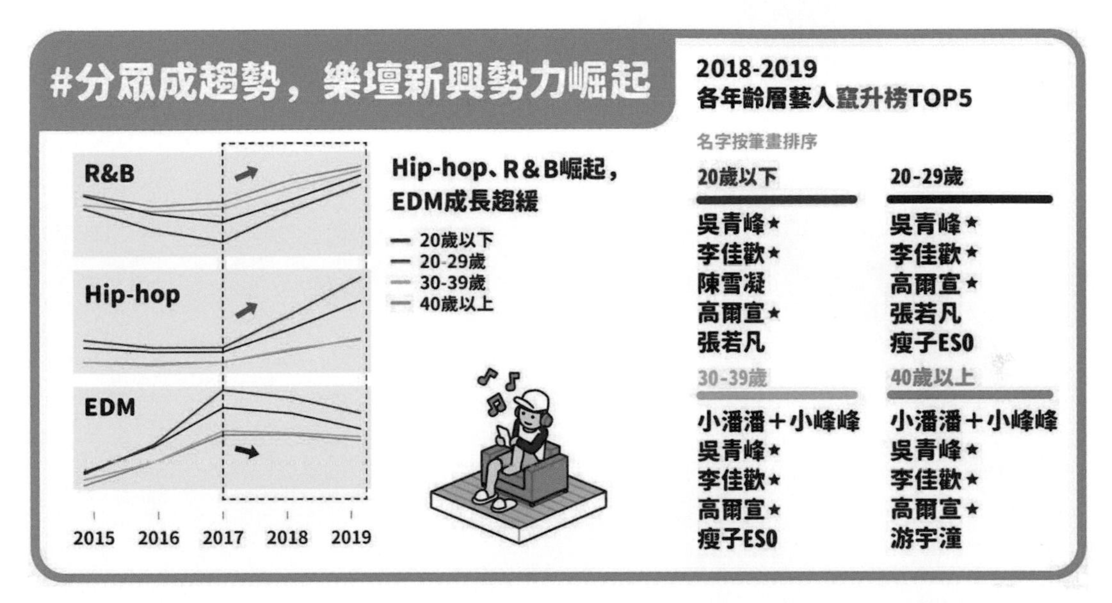

圖 1-7　不同年齡層對藝人喜好度之差異性。（資料來源：KKBOX 公布 2019 娛樂產業趨勢分析）

策略讓靈感不踩雷——

視覺創意的思考流程

在廣告的視覺創意思考流程架構圖裡，總共分了八個步驟來執行廣告稿，如下以保護動物為例製作架構圖（圖 2-1），這也是本書自第二章開始的編寫順序，依照這八個步驟的內容說明，即可順暢地將完整的廣告稿設計出來。

圖 2-1　廣告視覺創意思考流程架構圖。

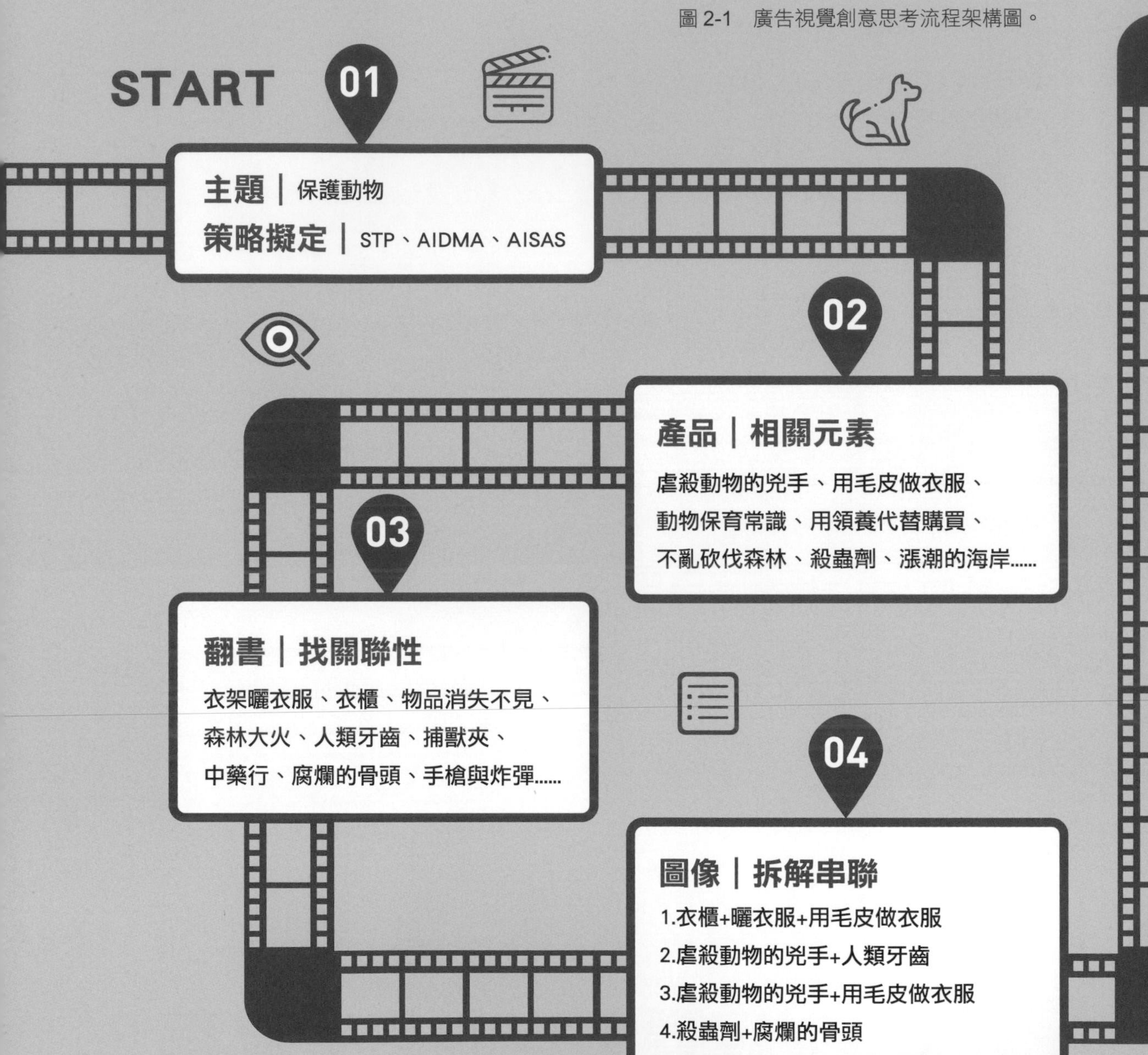

05

視覺｜風格擬定

照片實景拍攝、插畫、普普風、
影像合成、幾何造型、復古風、
水墨風、文字字型、剪紙風、3D......

06

草圖｜多方繪製

07

文案｜撰寫形式

對比式、文字表現式、說故事式、
科學驗證式、在地文化式、
意識形態式、反諷式

08

定稿｜排版輸出

毛皮+衣櫃+衣架+影像合成
金犢獎美術設計銀獎

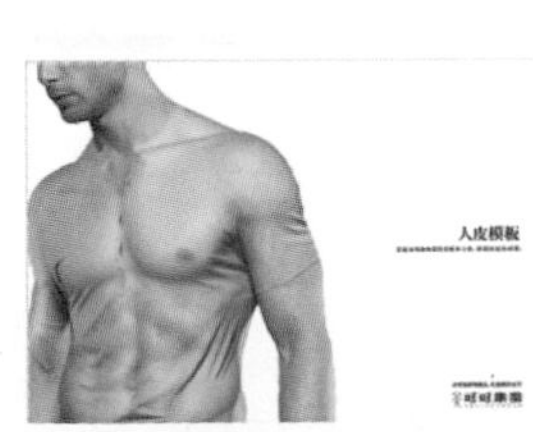

毛皮+虐殺兇手+影像合成
金犢獎台灣公益類

殺蟲劑+骨頭+幾何造型
懷柔杯國際學生公益類銀獎

2-1 發想創意的 STP 策略

過去多場的講座中，最常被問到的問題就是：「廣告創意要如何發想與付諸實現？」首先，我們要先了解：「廣告的目的為何？」廣告的最終目的就是在販售商品或是有目的的傳達訊息，若只是為創意而創意，是很難得到廣告受眾（Target Audience, TA）與業主的青睞的。因此，在發想創意時，「品牌策略單」是最重要的項目，因為只要策略不對，畫面做的再漂亮也無法吸引受眾的目光，而這也是筆者在擔任金犢獎 20 幾年的評審工作中，最常見到的情形。

參與金犢獎的眾多作品中，常見許多學生運用酷炫的電腦技巧，製作出畫面極為精美的作品，信心滿滿的來參賽，但最後卻連初選入圍都沒有。因此常有參賽的學生問：「為什麼我的作品沒有入圍？」這時只要找來別系的學生詢問：「你覺得這是在賣什麼產品？賣給誰？你會買嗎？」通常得到的回答是「哇！畫面好漂亮，但不知道在講什麼」，此種機率高達 7 成。

要有好的創意，必先理解什麼是策略面，然後努力把廣告畫面與策略要求緊緊結合在一起。畢竟只講求畫面美感，卻說不出動人故事的年代早已遠去，現在的廣告，要能透過層層的故事結構，搭配策略運用，讓受眾能夠真正心領神會且有所感動才行。可見「策略」不是只有公關行銷的人才需要懂，設計乃至各行各業都要能理解才行。

近年因為新冠疫情影響，許多國外回來的人想要住防疫旅館，這些旅館也是依照本身的市場定位，針對自己飯店的消費群眾去做分流，形成產品上的區隔，藉此打進不同消費市場。例如有防疫飯店一個晚上 1,300 元含住宿包餐，15 天住下來總共 19,500 元；但也有五星級飯店如寒舍艾麗加入其中，其最貴的房型有 16 坪，一晚上就要花費 12,500 元，15 個晚上算下來則要花上 187,500 元。以上兩種訂價策略清楚顯示其市場區隔，目標金字塔頂端客群還是一般的上班族。

由於現今媒體變得多元，廣告也會針對受眾加以細分，例如：事先依年齡、興趣、職業以及性別等要素先設定好，讓這些受眾能被更精準的計算，讓廣告執行能更有效果。以商業廣告來說，若是沒將自己的產品，跟同業的產品做好市場區隔（Segmentation），也沒有詳細調查何為目標市場（Targeting）也就是販售對象是誰，然後連產品在受眾心中的市場定位（Positioning）是屬於精品，還是平價商品都無法釐清的話，就會造成受眾無法理解企業或產品的方向，最後也會因為沒有策略，而產生亂槍打鳥、虛擲費用等問題。

上述的市場區隔、目標市場、市場定位就是商業廣告最常用的行銷模組理論 STP（圖 2-2）。以差異化來做出市場區隔，並從中選擇出目標市場；由目標市場中延伸出目標族群，並依此做出市場定位；以市場定位強化受眾的心理認知，呼應做出的市場區隔。以下就商業廣告的角度，針對 STP 各層次加以說明：

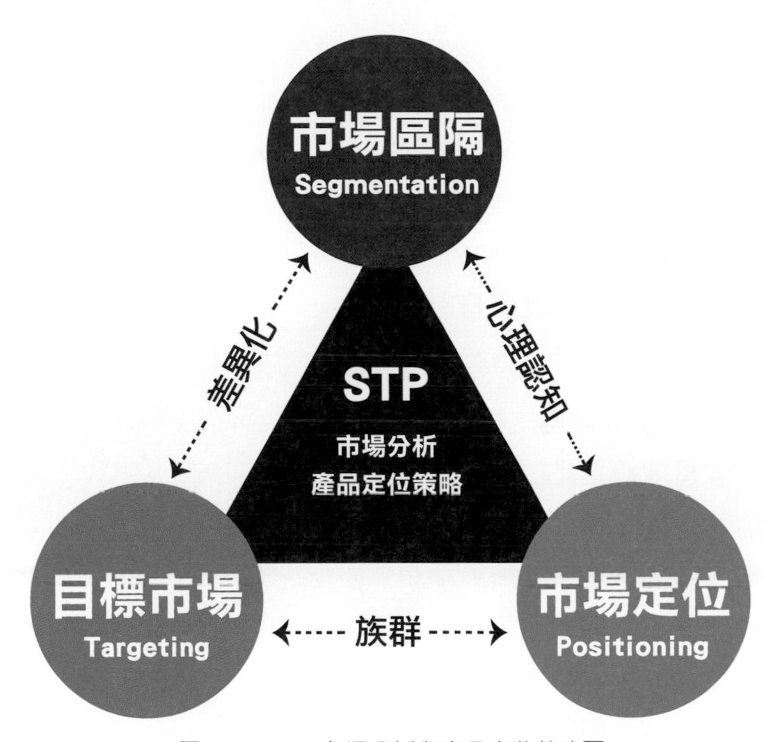

圖 2-2　STP 市場分析與產品定位策略圖。

一、市場區隔（Segmentation）

進行設計之前，須先完成縝密的市場調查，並思考自身商品與其他同性質的商品有何不同，而不是只做自己覺得好的設計。市場分析要做到細部區隔，但在分析時也要注意範圍的大小，若是把市場切割過小的話，反而可能會錯失真正的市場，所以對市場上的每個不同的部分，都要定義清楚以免造成失敗（圖 2-3）。

市場區隔通常會先從以下四點分析：

1. 地理變數（人口密度、城市大小、區域特質、氣候帶等）。
2. 人口變數（年齡、性別、收入、職業、國籍與宗教等）。
3. 心理變數（社會階級、生活型態與人格特質等）。
4. 行為變數（利益、使用量、忠誠度以及態度反應等）。

一般人在區分消費者的方式，通常只是將消費對象簡易的劃分為學生族群、上班族、家庭主婦以及銀髮族等這種粗淺式的分類，孰不知學生族群也要看是針對國中小學、高中或是研究所。例如：國小一、二年級可能會喜歡天竺鼠車車、佩佩豬等，但到了國中青春期的青少年，可能就轉向至偶像追星，去看 TWICE 跟 BTS 了，因為不同年齡層的受眾皆有不同的喜好。

至於上班族，也要看是屬於農、牧、漁、工何種，藍領階級還是白領階級，同樣都是上班族，但因工作場域的不同，生活習慣也會因而不同，這些細節都是在進行設計時所不能忽略的。綜合以上各種變數數據之後，可以找出能對客戶量身打造的設計概念，如此才能真正的把市場做出區隔。

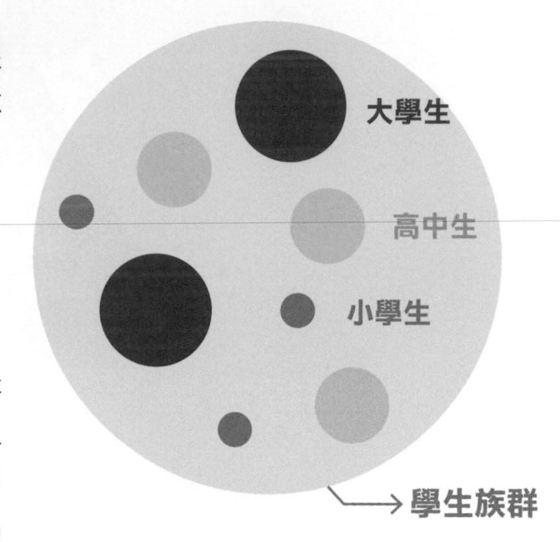

圖 2-3　若已鎖定學生消費族群，以年齡進行市場區隔則可以分為大學生、高中生、小學生。

二、目標市場（Targeting）

當了解產品與他人的差異後，就要開始評估區隔後的每一個市場，例如：個別市場規模的大小與差異，還有市場的未來發展性，綜合各項的評比與調查，這樣才能真正地找到最適合的目標市場（圖 2-4）。

以銀髮族為例，隨著年齡的增長，人的皮膚會逐漸失去水分而變得乾澀，所以能滋潤皮膚為訴求的產品對銀髮族來説，就會較具吸引力，也就是要找出產品與銀髮族間的關聯性，然後強調並主張產品最獨特的價值。

再來同樣都是銀髮族群，有的長輩喜愛參與社團，追求時尚風格；有的長輩喜歡宅在家中，聽著復古老歌。因為兩者的喜好與風格截然不同，因此就得更為明確的針對這個看似類似，但實際上卻有很大生活習慣的不同，進而去設計出他們真正有興趣的內容。

由此可以理解，只有了解市場目標的消費對象，才能抓準設計的方向。當我們在替受眾製作相關的廣告設計時，就更需要去思考他們的行為模式，進而做出不同內容的廣告創意，讓受眾更能感同身受。

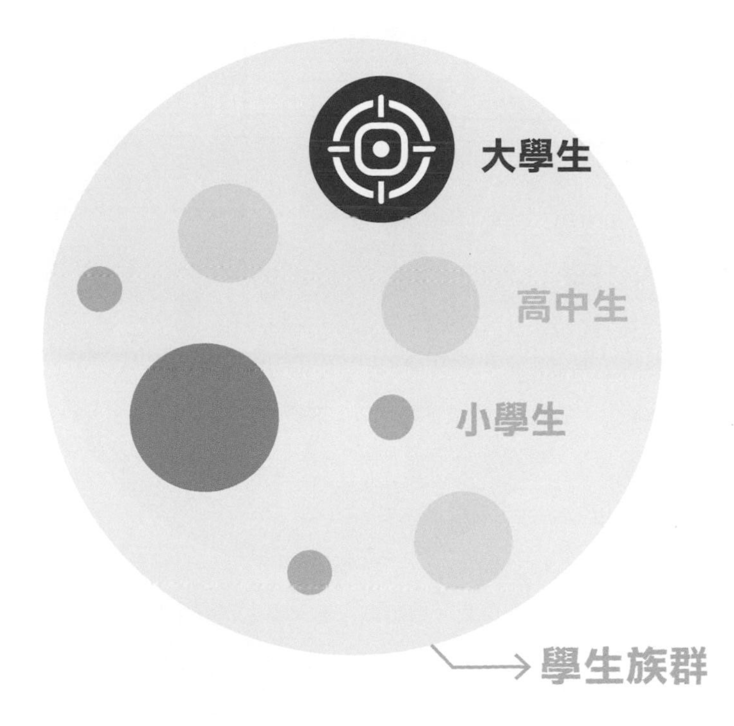

圖 2-4　評估各別年齡層市場後，鎖定大學生為目標市場。

三、市場定位（Positioning）

當做了各種市場分析與差異化之後，再將企業形象與商品跟消費者的心理認知進行清楚的連結，這就是市場定位，也就是要先釐清「自己在市場與消費者的心中，到底在什麼位置？」因為只有當消費者在面對產品選擇時，腦中主動浮現你的品牌特徵與記憶，才能代表品牌的價值，相對的也表示自己的品牌較能獲得消費者的認同（圖 2-5）。

當品牌採行差異化來區隔市場，就更能貼近消費者需求，以及充分整合區域資源。例如：LV 與 ZARA 的定位概念。LV 的消費對象是金字塔頂端愛好高價位精品的客戶；而 ZARA 則主打中低價位卻有中高級品質的服飾，以中高消費者為主要客戶族群。此種品牌特徵在消費者心裡已經產生了階級位置，也就是定位的概念。又像有些室內設計公司以歐洲巴洛可華麗風格為特色，有些則是走後現代的簡約主義風格，因此當你想用喜歡的風格裝潢房子時，身邊的朋友可能就會跟你說，你愛的這種調調應該要找哪一家設計公司，這就是因為此公司品牌形象，已經在你朋友心中有了清楚的定位，所以他才會引薦給你。

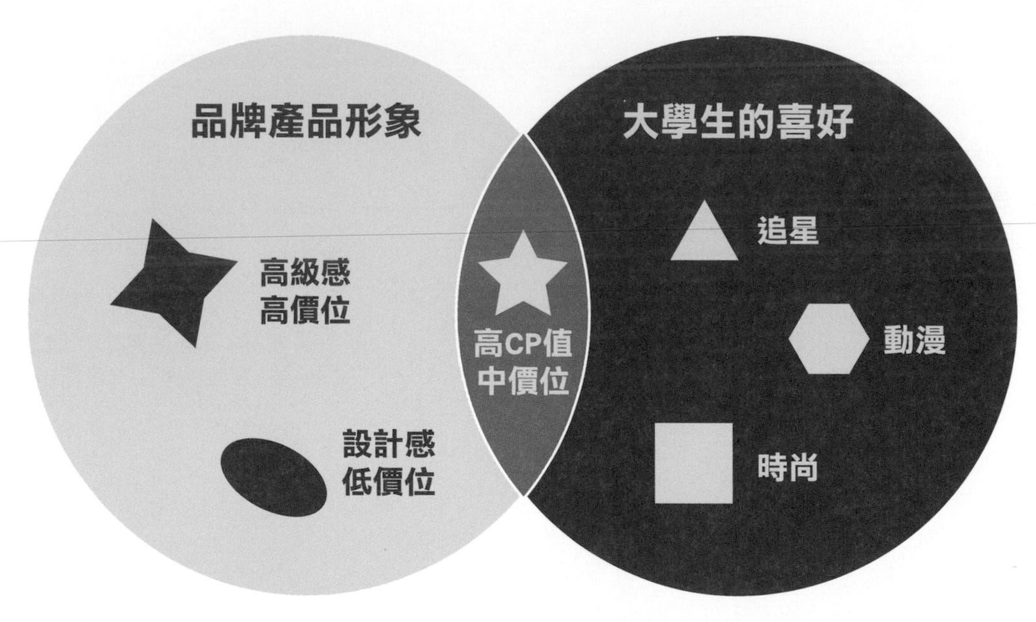

圖 2-5　依據目標市場的喜好及認知，定位產品形象。假設調查出大學生喜好中價位且 CP 值高的產品，產品形象即可往此形象定位。

以上課常用創業的思考方式來描述，比較能讓讀者容易理解 STP 的概念。假設今天要開一家餐廳，你會著重什麼呢？例如裝潢、宣傳、餐點本身、促銷、人事成本當中的哪一項？

在偶像劇《我可能不會愛你》劇中，女主角程又青的哥哥程冠青老是在抱怨他的滷味賣不好，他自認為問題出在裝潢不夠漂亮，總是抱怨母親沒有出資幫忙。對此程又青的反應是：「你永遠不知道問題在哪裡……那是因為你的滷味很難吃！」。

所以綜觀上面的幾個選項，最後還是要回歸到產品本身，產品好不好吃才是最重要的因素。在廣告這個領域裡常會提到：「一個好的廣告會加速一個壞產品的死亡」，即是這個原因。因為只有產品夠好，才能延續百年而不墜，否則就算裝潢再好，一時吸引了一群人，當消費者發現產品一點都不好吃的時候，就再也不會去吃了（圖 2-6）。這就像許多的主題餐廳，在開幕時有一堆網紅去打卡，但時間久了，消費者失去新鮮感，店家無法吸引顧客上門，也只好收攤關門了。消費者還想回籠光顧第二次，才是長久經營商店最重要的要素，所以務必要把握住消費者最初光顧的這一次機會。

● 圖 2-6　知名主廚江振誠開設的「RAW」餐廳，其與 WEIJENBERG 設計公司的荷蘭建築師 Camiel Weijenberg 一同構想超脫過往經驗的用餐空間，微暈的燈光會隨著天色的改變而調整，而沉穩、內斂的空間溫度正說明了，好的裝潢需搭配美味的餐點，才能長久經營。

2-2 設計前，先釐清消費對象的行為

既然提到策略，就得提到消費者的行為模式概念。在消費行為中，消費者的購買模式並非全然不可預測，基本上，企業可以根據行銷活動的過程和消費者購買活動的心理變化等，來推論顧客的購買模式，並藉此導出一套具有高度可操作性，且可提升行銷效率的策略。以下介紹兩種常見的消費者購物行為法則（圖 2-7）：

● 圖 2-7　AIDMA 理論與 AISAS 理論的差異。

一、AIDMA 法則

AIDMA 法則是廣告界的專用語，這個概念是由美國廣告學家 E.S 劉易斯在 1898 年所提出，內容主要是在探討消費者族群在看完廣告到進行購物消費後的消費心理法則，總共有 5 個階段：

A（Attention）：注意到該廣告。

I（Interest）：產生興趣而繼續看下去。

D（Desire）：產生想要使用看看的慾望。

M（Memory）：記住該產品的廣告內容。

A（Action）：產生購買的行為。

這種藉由廣告來影響消費者的購物行為，就稱為 AIDMA 法則。這個理論雖然已經超過百年，但直到現在還是有許多業界人士與學者在使用。

不過隨著現代網路功能的發達，消費者的消費行為也跟著產生了很大的變化，尤其全世界經過新冠疫情洗禮之後，有越來越多的消費者，熟悉並善於使用網路消費，這就使得 AIDMA 法則在面對現代網路的消費族群時，涵蓋範圍不是那麼全面。

二、AISAS 法則

AISAS 法則是一個較新的理論，2004 年由日本電通集團根據 AIDMA 法則，並依照網路世代習慣的消費者行為模式所延展出來的理論。在 AIDMA 法則盛行的時代網路尚未誕生，所以它與 AISAS 法則在使用環境上有著明顯的差異。AISAS 法則步驟分別為：

A（Attention）：注意到該廣告。

I（Interest）：產生興趣而繼續看下去。

S（Search）：搜尋產品訊息。

A（Action）：產生購買的行為。

S（Share）：分享相關經驗。

無論時代如何變化，由 Attention（注意）到 Interest（興趣），這兩項原則是不會變的，然而因網路及各類行動載具的發達，現代消費者如果有想要了解的產品資訊，便會很自然的上網 Search（搜尋），藉由 google 之類的網路搜尋引擎查找相關訊息，或是看 IG、臉書、部落格等社交平台上名人或素人的推薦文，以此來作為購物參考。另一方面，因為如今行動支付、電子支付發達，使得購物的便利性提升，當評估完後，可能就會直接採取 Action（行動），立即到各大網路購物平台進行採購。最後則是現今大眾習以為常的一項行為模式，當拿到了所購買的東西或店家端上了美食，得先開箱、拍照或錄影，然後 Share（分享）照片或影片到自己的社交平台上，分享給更多朋友。

此種消費行為與昔日的習慣有著很大的差異，以前的人在情感階段總是要醞釀很久，要貨比三家不吃虧才行；而現在則是因為資訊發達，可搜尋使用者使用過後的評價，感覺不錯價位可接受，可能就手刀下去購買了。情感考慮的階段縮短了，反而是購買後的心得分享，成了現代人最喜愛的行為模式。

2017 年台北舉辦世界大學生運動會（簡稱世大運），我們可由這個活動過程來印證 AISAS 理論。最初活動尚未舉行時，陸陸續續出現一些負面新聞。有了新聞就有關注度，雖然說訊息最好是以正面為主，但最怕的是連負面訊息都沒有，讓人沒有知道的機會，所以這可說是一種 Attention（注意）策略，讓民眾開始注意到台北世大運要舉行了。隨著世大運受到關注，相關的宣傳設計也陸續引起民眾的興趣（Interest），例如世大運的捷運列車（圖 2-8），車內視覺設計分別以棒球、足球、田徑跑道、籃球與游泳等運動項目為主題，亮麗又應景的畫面使得越來越多的民眾開始上網搜尋（Search）相關捷運班次，以便親自到場「朝聖」（Action）、拍照，然後打卡與分享（Share）。這整個過程就是 AISAS 的實際案例，也反映出了現代人的網路生活方式。

圖 2-8　台北世大運捷運車廂運動擬真場景，圖中的車廂地板呈現出泳池賽道的樣貌，讓人有拍照打卡分享的衝動。（圖片來源：Taipei 世大運）

2-3 將創意發想當成導演在拍電影

無論圖像的呈現是平面廣告或是影片廣告，都可以練習把自己變成一個導演在導戲的概念，因為基本上只要是發想創意，就免不了得說故事，得有起承轉合。拍電影就是在敘述一個故事，無論是感人或幽默，都需要有亮點讓觀者眼睛為之一亮。如同周星馳的電影，就算電視有線頻道重播了 N 次，卻還是有很多人觀看，收視率始終維持在一定的數字。

周星馳電影能這樣歷經多年而不墜，靠的就是故事裡讓人印象深刻的記憶點，使人有想再回味一次的衝動。這也像巷子裡開了五十年的老店，雖然招牌一般裝潢普通，卻仍舊可以吸引許多的饕客光臨，靠的就是產品本身，而不是外在的華麗裝潢或是過度的包裝行銷。

● 圖 2-9　電影《萬花嬉春》的片段。

廣告影片如同電影一般，必須有劇情的鋪陳，結合聲音、畫面以及音樂去吸引消費者注意。平面廣告則無法像電視廣告具有畫面的連續性，讓消費者能在瞬間快速的產生對廣告的反饋。因為平面廣告只是單一的畫面，但是在畫面結構中每個環節的鋪陳，就等同劇情裡面的故事，將內容隱藏在畫面裡，讓看到的人能夠感受到想要傳遞的細節，若是可將平面稿當成影片的局部定格畫面來思考，就會有不一樣的思考模式。有些電影本身就很有設計感，例如美國 50 年代音樂歌舞片《萬花嬉春》（圖 2-9），將畫面定格之後就可以直接轉化為平面稿了（圖 2-10）。

● 圖 2-10　將電影局部定格後做成海報。（圖片來源：男人隨筆）

平面廣告畫面的每個元素，都會是故事裡面的主角以及配角，他們所擺放的位置，就會成為我們在設計上所講到的編排概念。每個畫面元素之間的大小、方向以及明暗強弱，都關係著這齣戲是否精彩好看。故事能如此精彩，正是因為裡面角色之間互有元素關係串聯，才讓劇情如此扣人心弦。

2-4 如何避免踩到創意雷同的陷阱

無論是在比賽或是發想創意的時候，遇到創意雷同的情形是最令人沮喪的。當你認為自己的創意獨一無二，懷抱著信心去參賽時，卻在比賽現場發現有許多如此相似的思考邏輯存在，這無疑會令人感到挫折。會造成這種情形產生的原因，與個人本身的資訊儲存量有極大的關係。建議平日多涉獵相關資訊，留意各種視覺設計案例，到網路上搜尋資料或是多翻書，腦海中的知識儲備越多，就越能避免發生創意雷同的尷尬狀況。

一、避免千篇一律的概念

在擔任金犢獎評審時，有一屆比賽的題目是「地球暖化」，這類公益型的廣告很容易形成一種教條式的概念，例如：「如果你不這樣做，地球可能就會獲得怎樣的壞結果」，所以現場看到很多重複性的創意。創作者總會認為自己的作品具有獨創性，然而一旦把它放到比賽現場時，評審們看到的便是上千張類似的作品，光是冰川融化、地球、北極熊與南極企鵝，甚至是烤熟的肉，就占了將近一半的量（圖 2-11）。

圖 2-11　比賽時，主題為北極熊或企鵝的作品占了全體將近 1/4 的數量。

如果用換位思考，想像自己正在現場擔任評審，當有超過一半都是類似的畫面與想法時，你怎麼會投票給他們呢？所以創意起碼先要能跟別人有所區隔。相信大多數人都很討厭旁人嘮叨，也不喜歡旁人用強迫式的語氣叫自己去做事，但為何到了自己做公益廣告後，也開始用碎念的方式去教訓別人呢？

圖 2-12 是二張不同的稿件，內容都在呈現地表已經熱到快將肉烤熟了。二張相似的圖，卻是由不同人所設計的廣告稿，很令人訝異。此種概念就只單純表現地表過熱的畫面，卻缺乏了創意的轉化，所以說在做創意發想時，先要思考如何把跟別人相同的創意剔除掉，這樣留存下來的，才會是令人意想不到的創意。

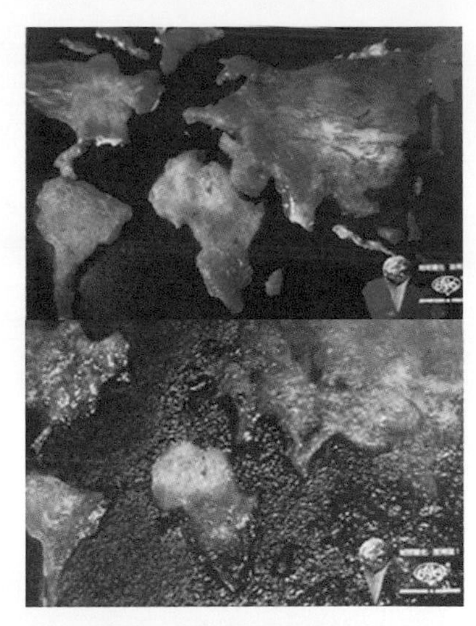

● 圖 2-12　使用相似的主題，卻是由不同學生所創作的作品。

圖 2-13 兩組作品想法也是非常相似。左圖的設計理念為因地球暖化導致海平面上升後，人類進化成為有鰭與蹼的生物，直接將原始想法設計成廣告稿；另外一組雖是相同的創意，加上了 X 光片視覺進行創意轉化，而不是將想法直接呈現。最後右圖組別有入圍，左圖則是槓龜了，兩者最主要的差異即在於有沒有進行創意轉化。由此案例可知視覺發想必須要進行創意轉化，這樣才能夠吸引受眾的注意力，而不是想到創意就直接投入視覺呈現的工作。

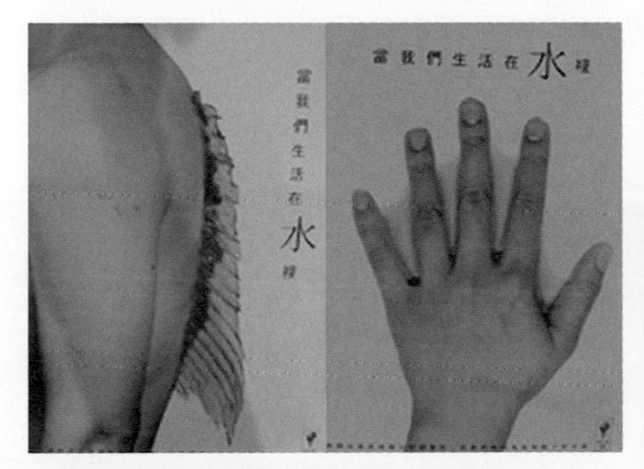

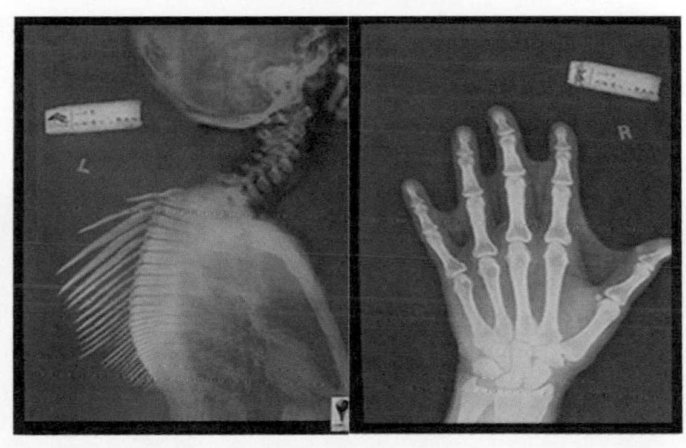

● 圖 2-13　兩組相似的圖，會因為是否有經過創意轉化而產生不同的結果。

許多學生會說：「老師這個不用看啦，這個是我剛才才想的、這個很不成熟，等修改得更完整時再給你看」。但往往這些最不成熟甚至是臨時想到的創意，正因為沒有被先入為主的觀念束縛著，概念或許突兀卻非常有梗。據指導學生經驗，多數的得獎作品發想創意時，靈光一閃概念占了幾乎快三分之一，因為這種被認為不可能的創意，只要找到其中關鍵的特色，再將之轉化成畫面，有時會比用既定的思維模式，想了好幾天才得來的成果更有創意。不過並不是說平時的創意不好，而是不要把自認為不成熟的創意就這麼剔除了。

二、避免邏輯不通的比喻

廣告業曾經流行以名畫來連結創意，但若只是依循名畫原本的涵義，卻沒有進行任何內容的轉化，那創意的完整度就會打折。以圖 2-14 為例，這是日本推出的下午茶廣告，使用的圖為達文西的作品《最後的晚餐》。

圖片原本的涵義是：晚餐之後，耶穌就要被羅馬士兵逮捕釘上十字架了，而廣告的商品是食品類，當它與最後晚餐的畫面連接之後，就會產生吃了這個產品就準備赴死的不好聯想，這就叫做「隱喻失當」。若是能將名畫透過創意轉化，賦予其完全不一樣的解釋，那藉由名畫轉化就能產生亮點。

另一個設計案例為美白產品，既然訴求為美白，很多人就會想成「去黑」，於是在現場就有很多的熊貓、大麥町和圍棋等視覺設計（圖 2-15）。此種類似運用黑白概念的圖像，在現場就超過了上百張，其中還有像是把關公、包公和張飛的皮膚從紅、黑變成白，或者是將熊貓與大麥町身上的斑點弄不見的作品，但文案或視覺又沒有說明為何要將他們變白的理由，畢竟熊貓去掉黑眼圈、大麥町去掉黑點，就不是原來的自己了。這種創意無法讓人產生共鳴，只有因卻沒有果，等同創意只展現一半，所以在發想創意時，如何將邏輯解釋清楚是相當重要的。

● 圖 2-14　茶點使用在《最後的晚餐》名畫上，可能會讓顧客產生負面聯想。

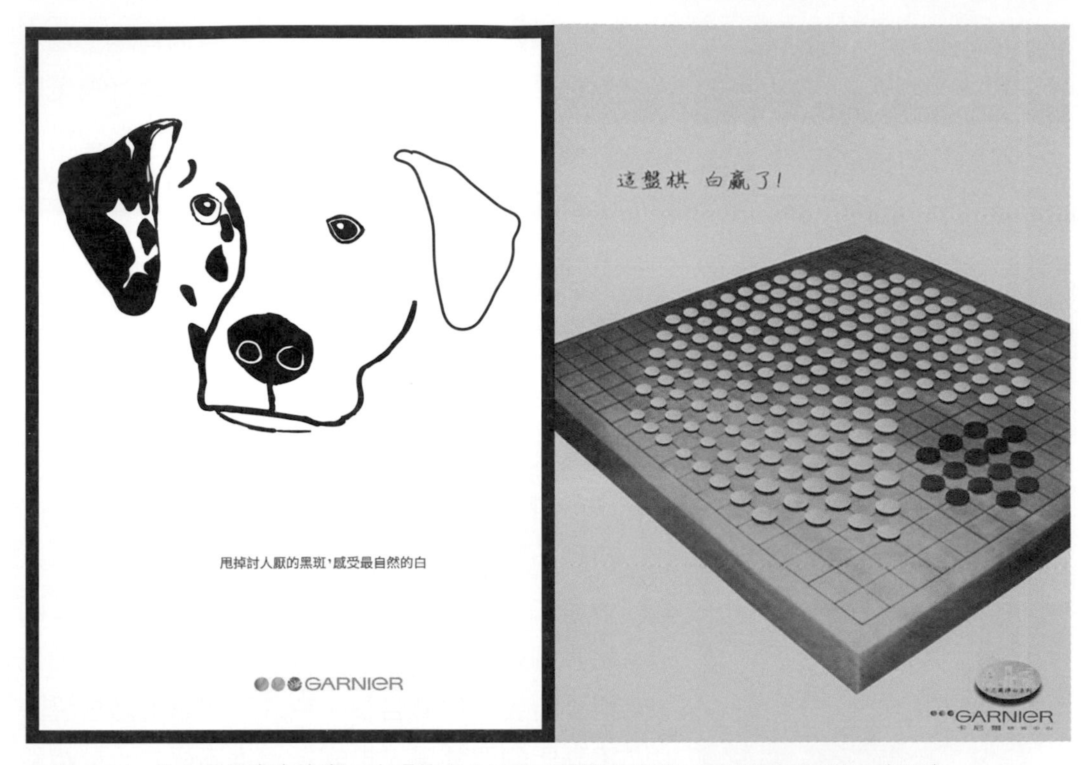

圖 2-15　美白產品廣告比賽，出現許多大麥町、圍棋的主題，但沒有說明變白的理由。

2-5 鬥外漢也能構思出好畫面

許多剛踏入廣告領域懷有憧憬與熱血的新鮮人，心裡都會有一個障礙，就是對自己有極大的不確定感與不自信，擔心「自己是否能做出一張還不錯的廣告稿？」或是「一定得要設計科班出身才能做好廣告設計嗎？」其實只要有想法、有策略，再加上有支像素高一點兒的手機，你就可以做出一張還蠻像樣的廣告稿。

在跟非設計科或是沒有基礎的學生討論廣告稿時，他們幾乎都有相同的問題：「老師我不會 photoshop、也不會 illustrator、手上只有小畫家」，我於是思考：「這些學生能夠運用手邊現有的哪些技能來完成一張廣告稿呢？」如同前面章節所述，廣告設計最重要的就是擬定策略，軟體技巧不嫻熟的情況下，就得採用不同的方式進行，例如使用攝影。

● 圖 2-16　人資系學生製作的流浪動物協會廣告，以沒有後製修圖的攝影作品製成，成功傳達出流浪動物隨時會消失的概念。

實際拍攝的方式，可以從畫面角度，以及如何將心中所想，透過拍攝的手法進行視覺版面的呈現安排。例如採用實拍的概念，當構圖成形後，需先預留文字擺放的空間，例如：主標題要擺什麼位置？內文要擺什麼位置？甚至商標要放在哪一個角落？都可以在拍攝時同時思考構圖，就知道自己要空出哪些地方去擺放文字。

製作一份廣告稿真的如此簡單嗎？或許看完商科學生也可以做出不錯的廣告稿後，能給自己多點信心。只要有想法與概念，非本科系的學生，也能製作出很不錯的廣告稿。下面兩組範例是高雄科技大學人資系與企管系碩士班學生所製作的廣告稿，或許可以讓對廣告設計不熟悉的門外漢、自認為程度不好的設計相關科系學生或廣告新鮮人，在構圖與思考方向上能有不一樣的理解。

案例一

人資研究所同學創作的「流浪動物協會」廣告（圖 2-16）。

創作理念：流浪動物因為沒有家的庇護，通常都流落在外餐風露宿，生命隨時都有可能消失。因此在創作的時候，就以流浪動物遭到棄養，家的形象逐漸崩壞，生命隨時都可能消失的概念來進行構圖。

創作手法：在海邊利用沙堆製作一個家的造型，並在一旁用樹枝刻出貓與狗的形體，藉由海浪的沖刷，讓貓跟狗的形體逐漸被海浪吞沒，象徵著流浪動物隨時都有消失的可能。可利用鏡頭的角度與構圖，調整現場沙堆與圖案的比例，例如為了讓沙作的家看起來夠大，沙堆高度一路堆積到人的腰際。之後再多方嘗試取景拍攝，以三小時以上的時間，從不同角度、光影拍攝數十張照片，再從裡面挑出最適合的作品。這兩張系列稿沒有使用任何電腦特效，只先想好構圖，預留文字空間，簡單將圖與文字合併後，即完成流浪動物的公益廣告系列稿。

案例二

企管研究所同學創作的「阿順師—父親篇」廣告（圖 2-17）。

創作理念：題目源自學生父親的職業為總鋪師，人稱「阿順師」。在做創意發想時，是以阿順師對於每道料理的堅持為核心，因此採用放大鏡的概念，藉此來傳達挑剔菜色的想法。

創作手法：主視覺照片使用相機拍攝，背景位於稻田邊，顯示對食材的用心。此構圖在討論時就已經大致完成，但實際拍攝過程仍有光源等細節需處理，其餘重心放在焦距掌握，拍攝完畢後並沒有使用影像處理軟體。

● 圖 2-17　企管系學生製作的阿順師廣告，純攝影未經過後製，畫面呈現總鋪師對料理的用心投入。（2-16~2-17 圖片提供：張郁靖、蔡蓮慈、游舒璇、蔡博鈞、鄒明芝、葉翠雯）

從這兩組範例可以得知，就算影像處理技術不純熟，也可以運用不同的方式做出有品質的廣告。

創意元素的寶藏製造機——

活化左右腦的觀察力訓練

創意到底是什麼？創意對許多人來說都有不同的定義與見解，有些人認為是要超越與突破現有的框架，重新去定義人、事、物之間的關係，找出彼此相同的關聯性重新組合在一起；有人覺得是對身邊事物的敏銳性；也有人覺得是對思考想法的獨特見解。這些當然都可以算是創意，那你認為什麼叫創意呢？創意應該要活化自己的左右大腦，讓自己對於好奇的事物敢勇於突破，使自己不只滿足於同溫層或舒適圈裡，並藉此對現有的事物或是嶄新的環境產生好奇與探索的精神。

3-1 觀察與好奇是讓創意產生的神奇妙方

我們每天日出而作日落而息，每天走一樣的路上班，搭相同的公車或捷運上下課，因為習慣久了，行為模式很容易固定，大腦運作自動處於休眠狀態，對周遭事物就不會那麼注意以及感興趣。大腦若是不接受新事物刺激的話，對周遭的觀察敏銳度就會下降，例如你每天從家裡到公司或是學校，沿路會經過多少的銀行、商店？是否曾注意路邊有怎樣的小販？他們販賣哪些東西？是否曾注意行人身上的穿著？或是路旁的植物開花落葉等生長情形？這些事物每天都會有細微的不同，但已經習慣了就視而不見，這些微小的變化也就不會在意。有人會問：「這些有這麼重要嗎？」創意就是來自對你我身邊的人、事、物的觀察，這些細微的元素，往往會成為創意的一部分，但常因為習慣而被忽略，就像有些小朋友在畫騎馬打仗的故事時，馬背上的旗幟卻是畫成逆風飛揚的狀態，這就是觀察力不足導致的結果。

一、觀察身邊人事物的小細節

每個偉大的創意，幾乎都是來自生活小細節！靈感的來臨，常在許多不經意的過程中產生。作家J．K．羅琳寫《哈利波特》前，因為火車誤點而浮現出故事概念。美國影集《慾望城市》內容在描寫四位女性閨蜜的相處方式，以當時女性在社會上的議題作為故事主軸的呈現，劇本中就有許多觀察細微的元素。

蘋果公司的創辦人賈伯斯曾說過：「創新只是把東西串聯起來，如果去問這些很厲害的人是怎麼想出來的，通常他們會說只是看到了某些元素加以運用而已。」所以有時可以稍微改變自己的舊習慣，像是去上班時走不同的路；嘗試些從來沒有吃過的食物。只有多探索自己不熟悉的領域，才有機會蒐集更多的元素，放入到腦袋裡的創意資料庫中。在觀察的時候，可以嘗試不同的方式與路徑，讓自己的視覺與思考能量，不會因慣性而停止細部觀察。創意就是在不斷的觀察與來回走動之中，慢慢地去體會與感受，進而得到不同的靈感。從以下列舉的三個實驗和訓練可以看出觀察的重要性。

第一項實驗來自於心理學家 Christopher Chabris、Daniel Simons 所做過的著名心理學認知實驗（圖 3-1），影片裡有六個人正在互相傳球，其中三個人穿白色的運動服，其餘則穿黑色。請受試者數一數這三個穿白色上衣的人總共傳球傳了幾次？受試者的答案不盡相同，正確答案是 15 次，但影片中途有一個大猩猩扮裝的人走進來，大猩猩還槌著胸停在正中央，才慢慢往左側走消失在鏡頭外。實驗結果顯示，只有約 20% 左右的人看到這隻猩猩，原因是大家都專心去算傳球次數，反而沒有注意到明顯的大猩猩。這個實驗讓人思考：當你用力觀察某項事物時，會不會注意到其他細節？

圖 3-1　看不見的大猩猩實驗。

selective attention test

第二項實驗是來自於英國的心理學家 Dr. Richard Wiseman，他給測試者一份報紙，請測試者在 3 分鐘之內回答「在報紙裡面總共有幾張照片？」許多人都不停的翻閱報紙，數照片有多少張，但其實在報紙的內文裡早已寫出答案。實驗結果只有 20% 的人看到那隱藏的訊息，大多數人都是直接數完照片再回答問題。這個實驗告訴我們提升觀察力的訣竅：先觀察大範圍，再留意細節。

第三個案例則是課堂上訓練學生觀察力的方式。目標是練習屏除掉平常的「習慣」，因為當人越習慣每天做的事情，越會對身邊的事物缺乏好奇心。作法是請學生，於每天都在行走的校園中，仔細地重新走一遍觀察路上細節，規定每走一百步，就必須停下來就定位四處觀察，再拍攝出自己覺得最好的一張照片，接著再繼續走下個一百步再拍下一張，這樣來來回回總共要拍一百張照片。最後學生拍出來的照片，都像是一張張的明信片，每張角度都各有特色。

每個學生走的路線方向都不一樣，觀察的細節也不盡相同，大部分人都會選擇在白天拍攝（圖 3-2），極少數人選擇晚上拍攝（圖 3-3），這兩者所拍攝的氛圍會差很多，雖然都是在校園中進行拍攝，但顏色與場景呈現出來的狀況，因時間點不同，產生出南轅北轍的感覺。而這個就是透過觀察，讓自己的思考邏輯產生不一樣的變化。

由此可以得知，當人開始尋找有興趣的物件上時，就會讓自己從不同的視覺角度與心理感受去觀察。而當用不同的視覺角度與心情去看相同的事物時，就會發現同樣的物品竟然可以拍出不一樣感覺的照片。

● 圖 3-2 「100 paces」活動照片：日間景點。（圖片來源：徐上詠）

這個作業的目的在於訓練觀察力，人們每天上班下班、上課下課，走相同的路、做相同的事，身心感應很快就會麻痺掉，對身邊的事物相對的也就不再產生興趣。藉由此種觀察力的練習，希望讓想學創意的上班族或是學生能重新開始看見，原來每天習慣的事情，有不同的彩蛋藏在裡面，讓人對習慣的事物產生新的刺激，使大腦重新活化。

拍完之後，在照片裡加入 100 paces 字串，字體可以放大縮小但不能變形，此規定目的在訓練拍完照片後，都必須去審視每張照片的視覺集中點在哪裡。可以站在遠一點的地方觀察照片，瞇著眼觀看整體，哪個地方最吸引你注意，就把文字放在那裡，此為訓練視覺焦點的練習。當拍完 100 張照片後，畫出走過的路線圖，加上音樂背景做成 PPT，調整播放時間約 3 分鐘左右，即完成此作業。

上述三項實驗，前兩項實驗就像畫素描的過程，若沒有從基本架構、大致的明暗等大方向開始，卻先專注在眼睛、嘴巴的小細節，最後完成的石膏像素描反而會變成不夠精準的作品。第三項練習則是進行觀察的時候，首先要思考此次的主題為何，時間點與內容物的表達方式，先進行整體性的概念思考，再進行內容拍攝與視覺的細節規劃。

● 圖 3-3　「100 paces」活動照片：夜間景點。（圖片來源：許雯瑗）

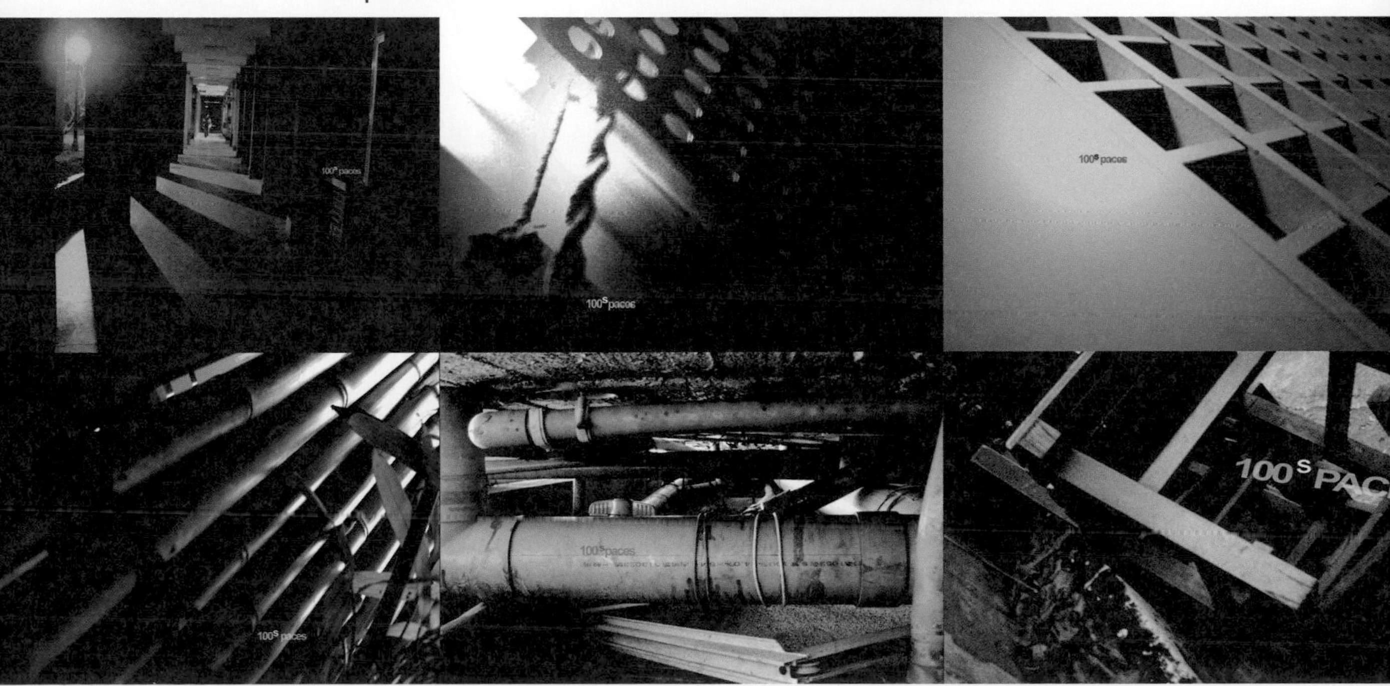

二、進行觀察前應先學著換位思考

進行觀察前首先要有換位思考的概念，由於現在的資訊流通十分便捷，受眾的喜好很容易隨著所接收到的資訊而轉換。每個公司都希望能觀察到「受眾到底喜歡的是什麼？」昔日的公司總是認為提供的種類越多、產品越齊全才會是贏家，但在現今的環境理，誰最能貼近客戶的想法與心理層面，誰才有機會成為市場的主流，而這種思考轉換的方式就是「換位思考」。

為何要做換位思考呢？其實這個跟做人的道理是一樣的，我們有時會不自覺地把自己的認知強加給他人，例如自己覺得很好的東西，就認為別人應該也會有同樣的感覺，於是強行推薦給別人。雖然出發點是好的，但被強迫接受的人感受肯定會不舒服，這樣子就失去了原本的好意。而換位思考的概念，就是站在當事者的心態去想這件事情，如果換成是自己在那個位置上的話，會真的喜歡嗎？透過不同的角度，去思考並觀察別人的反應，這樣才能真正的知道，受眾想要的是什麼。

跟學生討論創業主題時，發想時容易局限在自己認知的思考模式，例如計劃開一間給學生消費的餐廳，同時想在餐點及裝潢有一定的水準，強調不想給學生吃太差，裝潢也要有質感。為了做出有營養價值的餐點，很容易採用有機蔬菜，讓學生吃的健康。然而光是使用有機蔬菜，其食材來源的價格會比較昂貴，若再加上訴求是養生的話，這個點對學生的吸引力就不大了。好吃便宜又大碗，才會是大部分經濟能力沒有那麼優渥的學生們，較為優先選擇的。

在觀察受眾族群的喜好時，也必須站在投資者的角度思考與觀察，創業開店最後還是要能夠賺錢才行，而從食材、房租到人事等各方面，這些林林總總都是需要成本的。所以要思考如何平衡族群要求以及定價，讓受眾可以接受，且投資者也能夠得到應有的利潤。

三、創意的累積就是透過主動發問

小時候習慣問為什麼，因為對任何事都充滿著好奇心，只要不懂的就會問爸爸媽媽，為什麼這樣為什麼那樣，但是等到長大之後，卻發現自己現在什麼都問不出來。這是因為在成長的過程中，我們逐漸被灌輸了各種禮法與行為約束，讓原先想提出的問題想法瞬間又收了回去。有時當你想問一個簡單的問題時，就會開始擔心別人會不會嘲笑我們？或是擔心別人會認為「怎麼會連這麼簡單的問題都不清楚？」擔心著別人會怎麼看你的這種心態，讓思維和創意被約束著，反而沒了小時後不懂就直接發問的勇氣。

昔日在美國唸書的時候，就發現美國大學生只要不懂就舉手發問，雖然有時會覺得他們發問的問題實在太過簡單，但是現在再回想當時的狀況，反而覺得這樣才是正向的求學態度。因為不管是困難或是簡單的問題，既然不懂那就直接發問，只要發問能得到答案，就會成為自己的知識，不問那就什麼都不知道了。這就像目前許多學生，可能在課堂上有不懂的地方，有時下課想問但又擔心問了別人會怎麼看，所以學生們在下課後就慢慢地都飄走了，最後心中的疑問還是沒有得到解答。創意的累積就是要透過不斷地發問，去吸收與探索相關的知識，畢竟當自己理解之後，那就是累積本身的學識與經驗了。

我們常常會感嘆，怎麼自己成長跟進步的這麼慢呢？是不是有什麼方式，可以提高自己對事情的理解能力，以及增加學習新技能的能力。在學校唸書的時間，很多事情都是有計畫一步一步的幫你事先規劃好，讓你在最短的時間裡，聽到許多課程累積知識。但一旦進入到社會就完全不一樣，許多知識必須自己主動去發掘，不會有人主動告知你每一個步驟的方法以及過程。工作中必須自己去探索可以運用什麼方法解決眼前的困難，培養成主動發問的習慣，將不懂的部分積極獲得解答，如此才能夠讓知識慢慢地累積，讓能力更進步。

四、觀察力的實驗

課堂上進行觀察力的實驗，實施方式如下：

1. 環境：若是教室有窗簾時，會先把教室的窗簾全部拉下來，教室的門也都關起來，讓同學們在教室裡進行觀察。
2. 題目：你在教室看到什麼？
3. 操作：請在 30 分鐘內寫出看到的東西，在這期間可以到處走動翻翻東西，可抬頭可低蹲去蒐集資料。

這個實驗最有趣的地方，就是在這 30 分鐘的走動時間，幾乎沒有同學會把窗簾拉起來，看看窗戶外面的景象，或是打開門記錄你在走廊上看到什麼（圖 3-4），這些行為都不違背此次的題目：「你在教室看到什麼？」題目並沒有不准你拉開窗簾，或是打開教室的門，只要沒有走出教室以外即可，而這個觀察概念就叫做「窗裡跟窗外」以及「門裡跟門外」的概念。

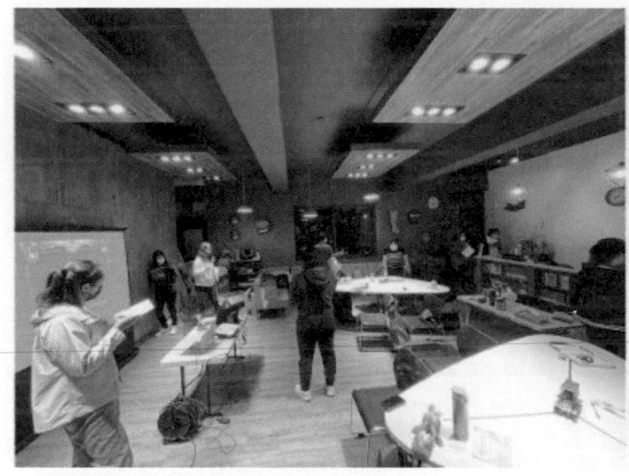

● 圖 3-4　教室內的觀察力練習，從窗戶可以看到外面走廊、草皮與對面的教室，但此答案卻幾乎沒有人回答。

為什麼會有這種情形產生呢？因為人很容易被名稱所局限，當題目是「在教室觀察」，我們就會直覺的只看「教室裡」的東西。我們從小到大都被訓練成凡事要一板一眼照規則進行，這導致我們容易忽略掉來自生活中的創意。為了打破既定模式，就要鼓起勇氣探索，除了思考理所當然的答案之外，有沒有不一樣的思考邏輯？讓自己回答出不一樣的答案，如此才能在眾多創意中鶴立雞群。

當 30 分鐘時間到後，就請同學們依序念出自己所觀察到的事物，規則是別人已經講過的物品，要直接刪除不能重複，通常前五個人就幾乎把其他人的記錄講完了。此時觀察他們的便條紙，95% 的人寫出的答案幾乎相同，大都寫著 30 盞燈管、55 張桌子、投影機以及數位講桌，還有眼鏡、口香糖以及紅色的大衣等，皆是眼睛可以看到的東西。

為何自己想到的東西會被別人説完呢？經由多年的實驗發現，90% 以上的學生會寫出眼見為憑的物品，也就是具象的東西，這也是一般人常用的具象思考模式，容易出現電燈、投影機、窗簾這些具象且常見的答案。只有不到 10% 的人會寫下抽象思考的答案，例如：

1. 流動的風。

2. 汲汲營營不知為何而唸且茫然的眼神。

3. 追求流行的時尚風。

4. 冷氣吹來令人產生蕭瑟的感受。

5. 要上去講話的恐怖心情。

6. 這作業到底干我屁事啊！

這種看不見、卻可以形容出心裡感受的抽象思考答案，很少人想到。

在觀察過程中還是會有少數同學來問：「我的答案跟其他同學寫得很不一樣，所以方向是否有錯呢？」我的回答是：「只要你覺得它對，那它就是，你的答案並不需要跟別人一樣。」創意就是盡量跳出框框，無需跟人雷同也不用擔心答案是否有錯，畢竟只是在發想階段，若是連發想階段都怕東怕西，那這樣就很難想出不一樣的點子。

3-2 不同面向的創意聯想

創意思考有四大面向，有具象與抽象思考、正面與負面的思考（圖 3-5），如果創意聯想只用單一面向來做思考，就很難達到多元性，無法產生不同面向之間的連結，來得到彼此激盪所產生出來的火花。這四種面向其中最直觀的就是具象思考，抽象思考一般人比較難想到。

具象思考就是眼見為憑，看得到摸得到才會讓人有實在感。例如進到客廳的時候，會看到沙發、茶几、椅子、電視甚至還有盆栽，若是再細看還可以看到按摩椅跟電視遙控器等物品，因為這些都是隨手可得的東西，很容易讓人聯想到。但問題在於其他人也會看到相類似的東西，所以當提出具象聯想的時候，跟別人雷同率就會比較高，這也是具象思考無法讓創意突出的原因。

抽象思考則是眼睛看不見也摸不著的，一樣以進到客廳的例子來做說明，外面的天空非常的晴朗且涼風徐徐，心情頓時好了起來，這是在說明讓心情快樂的抽象思考方式；當看到時鐘上班快要遲到了，於是匆匆忙忙拿起鑰匙，形容出門前那種緊張心情。這兩個例子都是在客廳所發生的事情，思考的方向完全不同，一方是愉悅，一方是緊張。因為抽象的思考方式，會因每個人的生長背景、經濟條件及讀書歷程等不同因素，而產生出完全迥異的答案。就像如果我們看到一個超大且尖銳的針刺在植物上，有些人會用具象的方式說「它是一個尖銳的刺」；有些人會說「感覺好痛喔！」。

圖 3-5　創意思考四大面向架構圖。

深究其原因即在於，抽象的想法一般人看不見，必須旁敲側擊去思考生活中曾經的記憶，進而用形而上的語句描述出來。正因為看不到，所以在進行想法激盪開發的時候，就比較容易跑出許多跟別人完全不同的思考邏輯。此種看到相同的物件，卻產生出不同的答案，就是運用了抽象思考所產生的不同聯想，而這也是抽象思考跟具象思考在本質上的差異。

對於具象與抽象思考有了概念之後，再來探討正面與負面的思考模式。所謂的正面與負面思考，意指聯想到好的方向，或是往負面方向發展，以圖 3-6 為例說明，當不同的人看到同一條魚骨頭，會因為個人過往的記憶或經驗差異而產生出不同聯想。喜歡吃魚的人會把魚吃得只剩骨頭，可能就會聯想到飯桌上熱騰騰的魚，搭配醬油露的廣告（圖 3-7）。而另一個人比較重視環境保護，腦袋可能就浮現出，因觸礁擱淺在河岸上的魚，只剩下魚骨頭的景象（圖 3-8）。

● 圖 3-7 正面思考 - 經過烹調吃完魚肉後，殘留的骨頭。

● 圖 3-8 負面思考 - 在沙灘上死去的魚，殘留的骨頭。

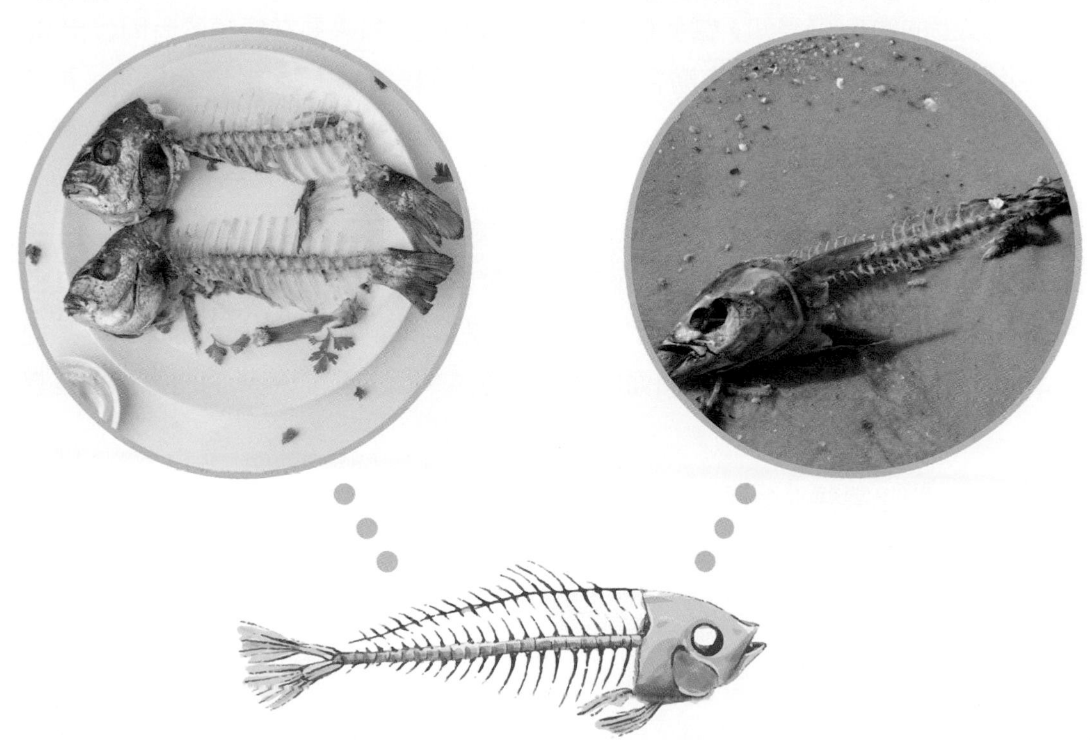

● 圖 3-6　同一條魚骨頭，正面與負面思考會得到迥然不同的答案。

許多的思考模式，都可以採用對立面的方式來進行，就像磁鐵有正極跟負極，事情有好與壞。當可以從事情的對立面做不同的創意聯想激盪，方向就能有很大的不同。所以有了具象就會有抽象的思考邏輯，而有了正面就會有負面的思考方向進行創意聯想。此種四維象限的思考模式，可以讓創意在同一個題目上，產生出四種方向的不同聯想（表 3-1），進而產生出不同的答案，這樣子就能夠避免創意雷同的問題。當以四種面向聯想後再經由過濾以及篩選，藉此產生出最符合產品或是公司的意象連結，讓客戶產生好感度，就容易讓這個創意聯想成立。

● 表 3-1　四大面向創意聯想

具象	沙發、茶几、椅子、電視、盆栽
抽象	天空非常晴朗且涼風徐徐，心情頓時好了起來
正面	飯桌上熱騰騰的魚
負面	河岸上因觸礁擱淺的魚

由以上的範例可得知，當我們在做創意思考時，如果要在短短的時間想出 30 個到 40 個點子，對許多人來講會蠻困難的，但若是能夠先想出 10 個點子，再藉由這 10 個點子依照正面、負面、抽象以及具象這四個面向去思考的話，速度就會快很多。因為當在發想創意的時候，許多傳統的束縛也會紛紛的冒出來，去綁架奔放的思考方式。所以可採用快速將一閃而過的念頭記下來，再經過篩選，從其中挑選出不錯的點子，藉由這些再往四個面向去發想，就可以由 10 個點子變成 40 個點子，如此思考的範圍就會很多元，且不會只是單一面向的答案。此種方式若是經常練習，可以訓練自己熟練不同面向的思考方式，就更能與他人的創意產生差異化。

創意的聯想需要從各種方向去思考，畢竟跨領域的思考方式，不能只待在自己的舒適圈，而不去理會外在世界的變化。只有去看看他人是怎麼生活，並用心觀察周遭的事物，才能讓自己的眼界變得更開闊。

曾經得過金鐘獎最佳戲劇獎的《我可能不會愛你》，其戲劇主軸從女人瀕臨30 歲的心態，開始向外擴散出這故事所會發生的人、事、物，來加以增強戲劇的張力。劇中所提到的初老症狀（圖 3-9），都是我們日常生活中會接觸到的事物，這些來自於生活中點點滴滴的體驗，看似平淡，卻反而是最能感動人心的條件，也印證著創意就是源自你我身邊的故事。

初老症狀十三條

1. 越近的事情越容易忘記，越久以前的事情反而越是記得。
2. 一堆人喊你某某姐某某哥，而你很想叫他們SHUT UP。
3. 朋友離婚的速度，超越結婚的。
4. 越來越不想改變，已經習慣的習慣。
5. 覺得自己快要被一堆密碼淹沒。
6. 開始關心商品成分，製造商以及賞味期限。
7. 懶得交新朋友的原因，是因為懶得從頭交代自己的人生。
8. 終於認清「老天爺真的很忙」。
9. 對詐騙集團開始產生周旋的戰鬥力。
10. 以前可以唱KTV到天亮，現在只要熬一天，就會累一個星期。
11. 如果不喃喃自語，腦子就會打結。
12. 對完美遲疑，對不完美深信不疑。
13. 總是把「重要的東西」放在「重要的地方」，然後把那個「重要的地方」徹底忘記。

● 圖 3-9　電視劇《我可能不會愛你》初老症狀。

3-3 便利貼創意思考心法

一般來說，從創意的方向成形，到討論視覺元素，進而轉化成提案的過程，中間往往耗費許多時間，沒辦法立即看到成效。當團隊做創意發想時，也常會碰到彼此想法相左的狀況。為了能讓創意發想從思考、討論到提案架構快速成形，在課堂或在廣告公司，會運用便利貼法來進行創意發想，以及架構流程的規劃。運用此心法，可以加速團隊的意見重組。

下段用一個範例說明便利貼心法及進行方式，題目是如何改善高雄市旗津人潮沒落的問題，若由你扮演提案團隊，要提出一個可以帶動旗津觀光成長的活動方案給高雄市政府，你會怎麼提出相對的解決方案，讓人潮的問題有所改善呢？

首先準備一張全開的海報紙及不同顏色的便利貼，就可以開始跟團隊討論：

步驟 1：先抓方向重點

題目方向是帶動旗津觀光的活動方案，首先就要去思考一些可行的想法，因此要先將活動的重點方向釐清。例如：

1. 旗津沒落的背景緣由？

2. 參與的族群是以何種族群為主？

3. 旗津有什麼景點可以吸引觀光客？

4. 有什麼活動內容可以執行？

先將重點抓出來，再一層一層地討論。可以先把討論方向濃縮在三個以內：族群、景點（圖 3-10）、活動，越聚焦效率越好。到旗津觀光的人可能是銀髮族、小資女，或是親子族群，受眾必須先設定清楚，因為不同族群處於相同景點，也會產生不同的思維。

● 圖 3-10 廣泛搜尋旗津景點。（圖片來源：高雄旅遊網）

將族群區隔成三類之後，接著思考這些族群各自的需求會是什麼？再開始發想活動的元素會有哪一些？三個活動方向建議一邊想一邊寫下來，每一張便利貼請只寫出一個元素就好，下一步整理歸納時，才不至於一張便利貼內容太多，而導致方向混亂且不好整理。當有些眉目時，即可將便利貼黏到海報紙上（圖 3-11）。

依照大方向開始後續的思考，當一張張的便利貼往下貼之後，有了貼紙上面的文字，便可將相似的活動歸納在一起，整理速度會比較快，這個時候再來聚焦討論哪一個方案比較能夠執行，同時決定團隊想要執行的方向。定案之後就可以先把另外兩個方案拿掉，此時就會聚焦在這個方案。假設最後討論定案的是親子族群，那重點方向就要往親子族群挪移；若最後討論的是深度文化之旅，那就會往此方向去探索，接著下一步開始發想活動的細節。

● 圖 3-11　步驟 1. 先進行方向的討論，將有可能的方向先以便利貼的方式進行聚焦與歸納，擬定出最適合的方案。

步驟 2：元素分門別類

當活動內容大致定案，接下來就要開始思考活動要如何進行。例如活動是規劃親子族群兩天一夜的旗津旅行，這時就得要去思考此族群來這裡的目的與方式，是自行開車還是需要派車接送？住宿的地點要如何選擇？旗津鄰近海邊，小孩在海水浴場遊玩的安全性，肯定是父母親最為小心謹慎的問題，以上種種都是需要考慮進去的細節。當上述選擇方向不一樣時，後續的規劃也會不同，假設親子之旅擬定了三項進行方式細節：

1. 交通方式：是自行開車、搭高鐵還是搭渡輪（圖 3-12）。

2. 住宿選擇：住民宿還是飯店（圖 3-13）。

3. 活動內容：是海邊戲水或是 DIY 工作坊等（圖 3-14）。

此三方向可以各別選擇運用不同顏色的便利貼，去進行想法的整體架構。

活動會因為住宿地點的不同，其規劃也會有所不同，例如有在酒店沙灘上的玩法，也有在民宿的室內玩法，若是附近有觀光工廠，還可以進行異業結合。所用的元素不同，就會歸納出不同的主題。

在思考元素的時候，可以將相同顏色的便利貼，順著同一個方向往下歸類，在海報紙上面進行黏貼（圖 3-15）。如果討論時發覺其中一個方向不適合，這部分的便利貼就可以拿掉。若是再想出來更小的細節，就繼續補上新便利貼，有些元素也可能移位到其他主題去，再往下進行。此步驟過程就是這樣來來回回貼過來換過去，慢慢的將整個活動內容，歸納成比較完整的架構。

圖 3-12　不同交通方式，有各自合適的安排。

● 圖 3-13　安排不同住宿地點，民宿或飯店。

● 圖 3-14　依照住宿地點安排不同活動內容，海邊戲水或 DIY 工坊。

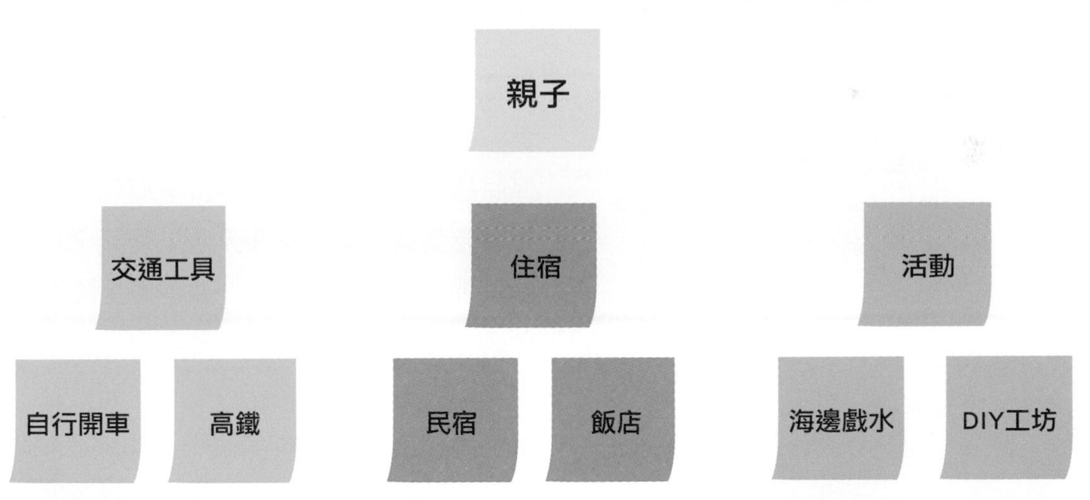

● 圖 3-15　步驟 2. 聚焦之後就要思考討論，活動元素要怎麼進行後續的分門別類與歸納，擬定出最適合的方案。

旗津深度文化之旅

S 市場區隔

旗津是高雄不可錯過的海島，當地居民以漁業維生，信仰是海上女神媽祖，清代時興建媽祖天后宮，日治時期留有砲台，深厚的文化背景值得旅遊。

T 目標市場

主要：中年族群 40~59歲
次要：親子族群

P 市場定位

從砲台出發，了解旗津發展的文化特色

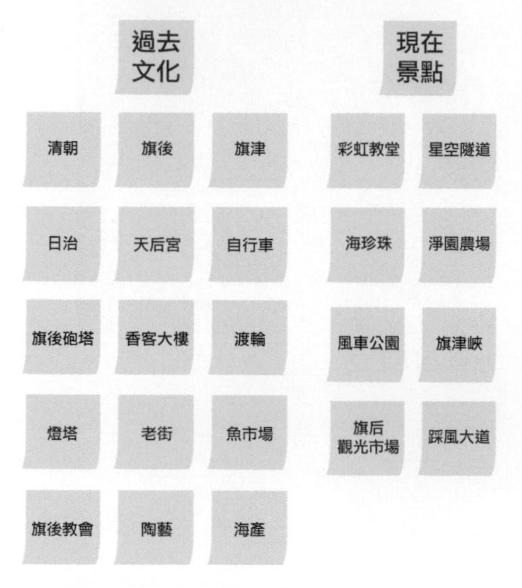

● 圖 3-16　步驟 3. 當架構擬定成形即可藉由團體領導者的指導，畫出完整架構圖讓整個邏輯步驟更加清楚。

步驟 3：重新排列組合

大致架構有雛型後，此時即可以由團體領導者進行指導。進行討論時肯定會有問題產生，此時團體領導者可以對各組的問題提出修正，然後讓組員們去思考，例如當把所有的元素量化成費用後，對照活動成本的考量，就可以了解此消費族群對行程費用的接受度。

經由團體領導者的指點之後，再將目前的脈絡重新調整一次，讓整個活動邏輯更加清晰（圖 3-16）。通常調整兩輪之後就讓組員做最後確認活動執行的方向。經過創意激盪就可以很迅速的將活動方案聚焦，此時就將一張張的便利貼重新排列組合，變成可以執行的方案，將每一條方案往外擴展成樹狀圖。

最後將每項方案定下合適的標題，目標是讓觀看者都能明白。假設活動分為食、衣、住、行四個類別，此時就會有四條脈絡去做區隔，吃的部份是要吃合菜還是要吃套餐？季節是冬天還是夏天？是否要帶外套或是要玩到水？要不要提醒準備泳裝？住民宿還是飯店？是自由行還是九人小巴？像這樣一條條的重新排列組合，就能建構出活動的內容以及故事。如果有四條便利貼直線，就代表會有四個發展的方向，方向越清楚就越容易讓人理解整個活動的邏輯跟順序是什麼。

步驟 4：重點提案分享

當所有架構都整理好，海報上的便利貼就會形成樹狀圖的造型（圖 3-17），講解時就依照此樹狀圖開始做相關內容的説明，如果解説時有卡卡的地方，就表示這個地方有行不通的點，此時可以重新移動便利貼的位置跟想法，再整理一次。直到解説順暢了，就可以用筆把每張貼紙的關係，用線條來加以串聯，最後就可以用海報紙進行提報了。

在説明的時候，首要的事項就是讓業主理解整個活動方案的邏輯，只要方向定案清楚，此時照著順序往下説明，從族群區隔到需求方向，以及此次活動究竟要怎麼執行，整個活動規劃有因有果，聽眾才會明瞭且可以得知最後可達成的效益。

便利貼心法過程從發想到最後一步提案，大約只需兩個小時左右，這就是一種創意思考的練習，很適合在腦力激盪的時候來使用。

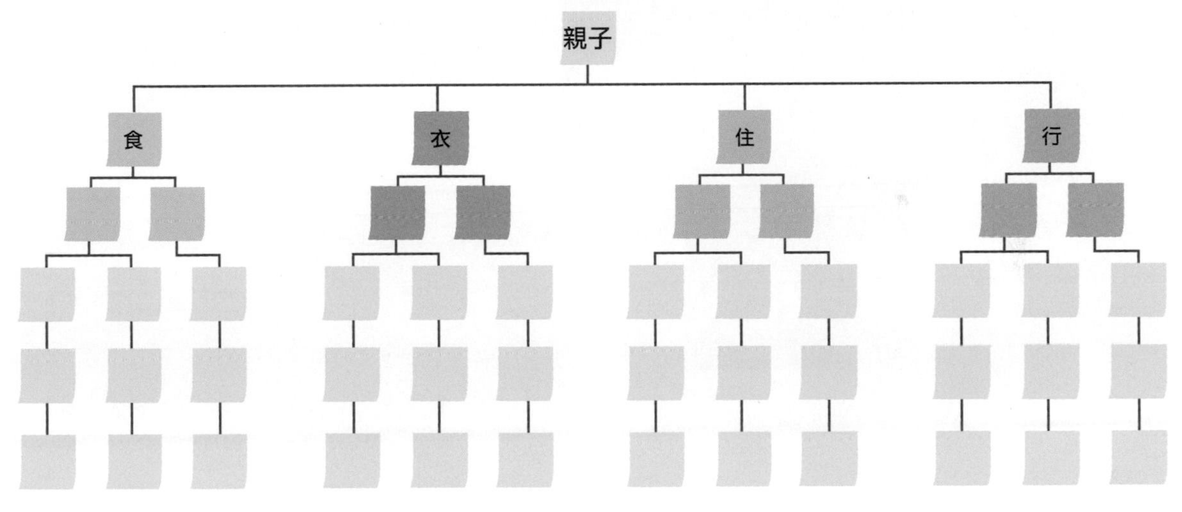

● 圖 3-17　步驟 4. 當所有架構都整理好，海報上的便利貼就會形成樹狀圖的造型，提報時，即可用梳理過的架構圖，依照整理後的邏輯去講解內容。

視覺創意的魔法生成術—

素材拆解的轉化培訓

當我們看到一些引人入勝的廣告時，也許內心會浮現出：「這真的是好厲害的構圖」，或是「好有創意的想法」云云，殊不知在光鮮亮麗的廣告背後，是設計人經過腸枯思竭，將許多天馬行空的創意轉化成畫面，然後把上百張的想法精簡變成三、四張，再經由不斷的修改之後，才會創作出眼前所看到的完整稿子。一件好的作品，考驗著設計人腦中的資料庫存量，唯有經過大量構思的相互碰撞，才能出現讓人眼睛為之一亮的創意。

4-1 如何獲取源源不絕的創意？

創意的取得，源自於腦海中的知識儲備。在發想廣告構圖時，最直接的方式就是從腦中的資料庫，抽取過去曾經納入記憶的畫面，但因為多數人記憶的資訊量有限，所以常常會出現似曾相識的構圖。如何在畫面上想出不一樣的構圖，與他人有所區隔，這就取決於設計人是否有大量閱讀的習慣。如今的閱讀已不限於紙本，愈來愈多的網路平台，展示著數以千萬計的文字、圖像、影音作品，主宰著我們的視線。透過這些名人或素人的展示，我們可以較過往更快速的累積腦中的資料庫，而諸多的創意就來自於生活周遭的點點滴滴。所以運用大量閱讀來吸收資訊，是一種讓創意資料庫快速累積的方式。

「素材」一般指的是設計者從現實生活中搜集到的、未經整理加工的、感性的原始材料。所以，當看到適合的素材時，必須進行素材之拆解，而後便於重塑。問題該如何拆解呢？以下就用圖 4-1 的廣告範例加以說明。

先不說明這張廣告的目的，讓我們來觀察一下這張圖。圖中可以看到門把以及掛在上頭的衛生棉，這兩項完全沒有關係的元素怎麼會被放在一起呢？我們可以從幾個因素來試著分析廣告：

1. 情境因素：什麼情況會看到門把上掛著一個牌子？通常是住在旅館時，隔天還要續住時就會掛上一個「請勿打擾」的牌子（圖 4-2），讓房務人員不會進房打掃，一般人住過飯店能理解何時會使用到這個牌子。

2. 時間因素：請勿打擾的牌子會是在什麼時間點掛上去呢？多半是在晚上要睡覺的時候。讓我們再回到圖 4-1 的構圖上：「一個衛生棉掛在門把上」，此時畫面同時呈現了兩個元素，一個是請勿打擾，一個是衛生棉。當把請勿打擾的牌子換成衛生棉時，其轉換後的概念就是「使用衛生棉的人，也不希望晚上睡覺的時候被打擾。」換言之，當女性經期來時，晚上往往不容易睡得安穩，所以需要能陪伴女性安穩入睡的衛生棉，也就是說這個衛生棉的功能是夜用型衛生棉。

● 圖 4-1　用衛生棉掛在門把上，強調女性希望「晚上睡覺時請勿打擾」。

● 圖 4-2　在飯店常會看到「請勿打擾」的牌子掛在門把上。

4-2 首先確認產品訴求

創意元素的轉換前，首先就是要知道產品的特色以及內容訴求，甚至去比對一下與競爭者的產品，兩者之間有沒有什麼大的差異。

確認產品內容訴求最為重要，像是咖啡飲料中的提神效果，或者是洗衣精裡面的亮白成份，也可能是強調去汙與飄香的功能等，這些都要在發想前就明確標示出來，然後接著將與此訴求相關的元素盡可能的全部列出。

以 P&G 旗下的洗衣精為例：日本「ARIEL 超濃縮抗菌抗蟎洗衣精」，除了強調洗淨與抗菌消臭之外，又加上了「抗蟎」成份，很適合容易過敏的人；至於美國「Tide 汰漬亮白護色洗衣精」則是主打去漬、亮白、護色三效合一，並強調其去汙力。從這兩項洗衣精的例子就可以看出，雖然同為 P&G 旗下的同質商品，但是兩者間的功能訴求並不完全相同（圖 4-3），消費者能更容易的選擇自己所需要的功能訴求來使用，而這些都是在創意發想前，設計師和業主在確認產品定位時，就要盡可能的將產品訴求的相關元素列出，藉此做到市場區隔。

● 圖 4-3　P&G 旗下兩大洗衣精產品，日本「ARIEL 抗菌抗蟎洗衣精」（圖左）的產品功能與美國「Tide 汰漬亮白護色洗衣精」（圖右）的功能，其優勢訴求並不一樣，因此廣告設計上便可藉此進行明確的市場區隔。

另一種容易看出訴求內容的方式，即是採用策略單的說明。例如時報金犢獎國際競賽出題目時，都會釋出業主提供的策略單（圖 4-4）。策略單上面很詳細的寫出業主的實際需求，可以讓人快速理解廠商想要什麼，因為已經把該產品的訴求，包括消費對象等明確寫出，看完後就會很清楚的知道要注意哪些元素，進而再做後續的創意發想。

旺旺集團廣告設計獎-產品類

【創作主題：QQ糖系列—咬感分級】

◎ 傳播 / 行銷目的：
提升產品知名度，推廣QQ糖咬感分級的概念。
有故事或有趣的畫面，使消費者對旺仔QQ糖系列
有分級的理念、有更深的印象，進而提升品牌知名度與市占率。

◎ 產品說明：
旺仔軟糖系列
1級：QQ果汁軟糖、QQ肉墊糖
2級：QQ糖、QQ漿爆
3級：超QQ

◎ 目標傳播對象：
16~29歲年輕族群，學生、上班族，
追求潮流、熱愛新奇嘗鮮的軟糖喜好消費者

◎ 溝通調性：
輕鬆活潑、元氣感、年輕新潮

◎ 建議列入事項：
加入旺旺Logo、QQ軟糖系列產品
作品中不要出現產品的口感優先等級對比。

◎ 作品要求：
1. 平面作品
作品元素不限(可有不同創意IP人設)，需與消費者傳遞旺旺軟糖
已有分級概念，有多種豐富新產品。創意風格不限，形象需結合產品特色，
具有一定的品牌辨識度。有朝氣，讓人耳目一新，體現年輕新潮。

2. 影片作品
賦予QQ糖系列產品肢體動作結合分級概念，加上誇張生動的表情，
向消費者傳達QQ糖咬感分3級，誇張好笑配以無厘頭旁白，加強
視頻魔性。創作形式題材不限(可用簡單誇張動畫呈現，或真人拍攝)。

● 圖 4-4　藉由策略單的說明，讓產品訴求更加明確。

4-3 素材轉化三聯想

如何將素材進行創意轉化？轉化的概念是藉由現成的素材，將畫面拆解之後，再轉化為跟自己策略相符合的畫面，以下詳細說明使用三層聯想，進行轉化的步驟：

第一層聯想：透過書籍去尋找素材

準備數本有插畫、攝影或是具有與廣告相關畫面的書籍或雜誌，可以事先規定頁數範圍，因為在被限制翻閱範圍後，會更為慎重的看待每一張圖，接著在選定的頁碼上用便利貼標示，或者是夾上一張小紙條，只要有聯想的可能性就先貼著，先不要設定哪個可以做或是哪個不能做，把所看到的圖像原始涵義都先忘卻，僅將它單純視為一張圖，裡面會有很多不同的元素組成（圖 4-5）。

等到整本書翻完之後，應該已經有二、三十張的小貼紙夾在書本中。這個動作為創意的第一層聯想，這層聯想與他人想法的雷同率會高達 80% 到 100%，因為還沒有進行轉化。

圖 4-5　準備不同廣告畫面的書籍，翻閱後使用便利貼作記號。

在課堂上做翻書練習時常發現，當學生翻書時往往會很快的就從第一頁翻到最後一頁，詢問下所得到的回答幾乎都是「這些圖和產品無關」，最後的結果就是每張圖都與產品無關。因此在做翻書的訓練時，必須先有一個概念，當製作的是汽車廣告，就盡量不看同性質的汽車廣告；當製作的是泡麵廣告，那也最好不要找泡麵廣告來研究，主要的原因在於，當找同樣產品的廣告來研究時，很容易就被這些同類型產品的創意牽著鼻子走。大多數人都習慣憑空想像，想到什麼就畫什麼，可是每個人腦袋裡的圖書資料庫並沒有這麼多，所以在畫面上的呈現通常就不會太理想。但若是能夠透過這種翻書轉換元素的練習，會發現這樣子構圖的速度，會比自己憑空想像的速度快十倍以上。

為什麼要用這種方式做訓練呢？因為搜集到的素材，基本上都是一些得獎或是構圖相當不錯的畫面，因此當練習畫草圖時，運用這些得獎的構圖為基底，進行元素的更換，自己所繪製的構圖也就不會太差，之後再將這些構圖加以整理，便可畫出更為具體的草圖。這種參考書籍所畫出來的草圖，遠比漫無目的的空想來得好很多。此種臨摹圖片轉化的方式雖然一開始是由臨摹別人的圖像來作轉化，但是經過幾次的修改後，最終已經完全看不出作品與原圖有任何的關聯性，這正是「有所本的臨摹轉化技巧」，與香港首富李嘉誠曾經說過的:「所謂設計，是先仿造再創造」，其意義是一樣的。

第二層聯想：去蕪存菁過濾雷同率

當第一層聯想已經有二、三十種想法後，再從第一頁開始一頁頁的去審核思考，哪些是確實可用，而哪些則又太過牽強。此時再將這些點子過濾一次，把想要用的元素拆解並寫下來，從中篩選出三個比較可行的想法，再分析產品元素加以組合對照，最後決定哪一個想法比較適合產品（圖 4-6）。

圖 4-6　將畫面元素拆解，比對產品，選出三個最可行的案例。

思考一下，如果強調自己產品的特色並且代入到畫面之中，將比較沒有關聯的元素拿掉，再思考邏輯是否可行。此種經由點子過濾再轉化後的想法，已經與第一層的直接聯想會有很大的不同，稱為第二層聯想。此層次的聯想內容，可以將與他人的雷同率降低到 50% 到 70%。

最後如何確定創意可行？保險的方式就是詢問一下你身邊的人，在講解你的創作理念後，看其他人是否可以理解？如果可以的話就能開始進行最後一個步驟，進行圖像的轉化。

第三層聯想：歸納整理畫草圖

當第二層聯想已經聚焦在哪一個想法是比較好的之後，即可以進行草圖的繪製。可畫出多張版本，將草圖全擺放在桌面上，與產品元素再作一次比對。重複第二層聯想將圖像轉化調整，畫出真正適合的圖像，這即是第三層聯想。此層的雷同率就降為 50% 以下了，接下來就以咖啡廣告的例子說明草圖繪製。

這個廣告比賽主題是咖啡，經由不斷地討論確定方向後定調為「提神」，確認最後的元素是「趕走瞌睡蟲」，但瞌睡蟲要如何趕走，草圖要怎麼繪製就會產生許多不同的概念（圖 4-7）。

● 圖 4-7　繪製多張草圖。

● 圖 4-8　最後用吸塵器與吸油煙機作為主視覺的電腦完稿，讓一般人都能看懂。（圖片來源：陳嘉華、李翎語）

草圖可能是把瞌睡蟲吸起來，也可能是用咖啡濾紙將其過濾掉，或是用吹風機把它吹走，或是類似驅蚊的機器把瞌睡蟲趕跑，這些都是不同方向。繪製草圖後攤在桌上比對，再去思考哪一種的視覺表現方式最能讓人理解趕跑瞌睡蟲的概念？哪個畫面執行起來效果是最好？此時仍然可以詢問其他人，看看他們能不能看懂你的草圖想講什麼內容？如果能看懂，那就代表你畫的圖是可以被理解的，最後就能進行電腦完稿（圖 4-8）。

4-4 素材拆解與轉化的實戰技法

三層次聯想中提到要將畫面拆解成個別元素，再將元素轉化、組合成新的視覺畫面。然而實際上要如何拆解圖像的元素，並合理組合呢？以下內容將詳細說明轉化的技巧。

一、尋得素材中的重要元素再進行拆解

以「多喝水」的平面廣告為例（圖 4-9），這張廣告圖像中的男士正在用舌頭試圖舔自己鼻子上的水珠，在廣告的版面編排上，視覺集中點是很清楚的。若要把這張圖進行元素的拆解，並將其更換為其他元素時，可以更換成哪些元素？

首先我們將產品拿掉之後再來觀察這張圖，最先讓你看到的元素是什麼？絕大多數的答案都是先看到「水滴」，再來則是「舌頭」，之後就是「整張臉」跟背後的「背景」。這時就可將這個廣告圖像拆解成水滴、舌頭、整張臉、背景四個視覺元素，之後即可開始進行元素更換的步驟。

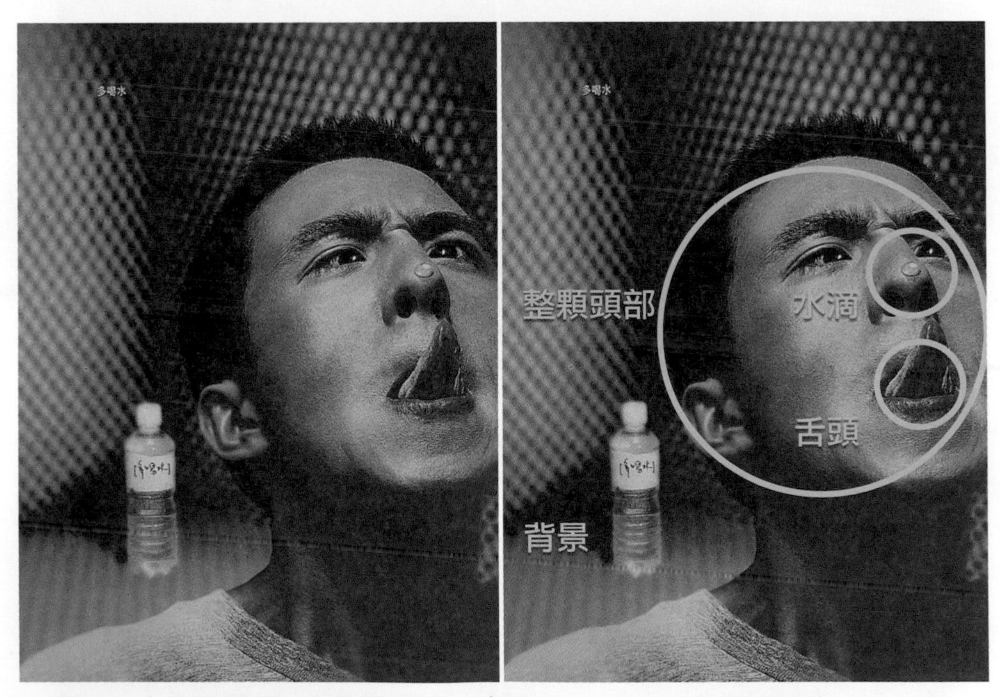

圖 4-9　多喝水廣告及其畫面元素拆解。（圖片提供：時報金像獎委員會）

從圖 4-10 可以看見，轉變的方式即是進行不同圖像中的元素互換，像年輕人的「整張臉」已經變成「整隻褐樹蛙」、「整株豬籠草」與「整隻魚」了。鼻尖上的「水滴」變成了褐樹蛙舌頭前的「螢火蟲」、豬籠草正在捕捉的「蜜蜂」以及大魚正在吃的「小魚」。人的「舌頭」則變成褐樹蛙的「舌頭」、豬籠草捕捉昆蟲的「籠蓋」以及大魚前背鰭演化而成的「發光釣竿」。而「背景」元素的轉換就成了「沼澤」、「樹林」與「海底」的圖像概念。

依照此邏輯分析，是否還可以更換成其他的視覺元素呢？答案當然是可以的，例如換成石頭或是史前恐龍都有可能，畢竟在發想中，先不要認為這些都不可能，因為創意是不該被侷限的。這種運用圖像元素互換的方法，只要常常練習，隨著時間的累積，慢慢的就可以直接在腦袋中進行元素的轉換。

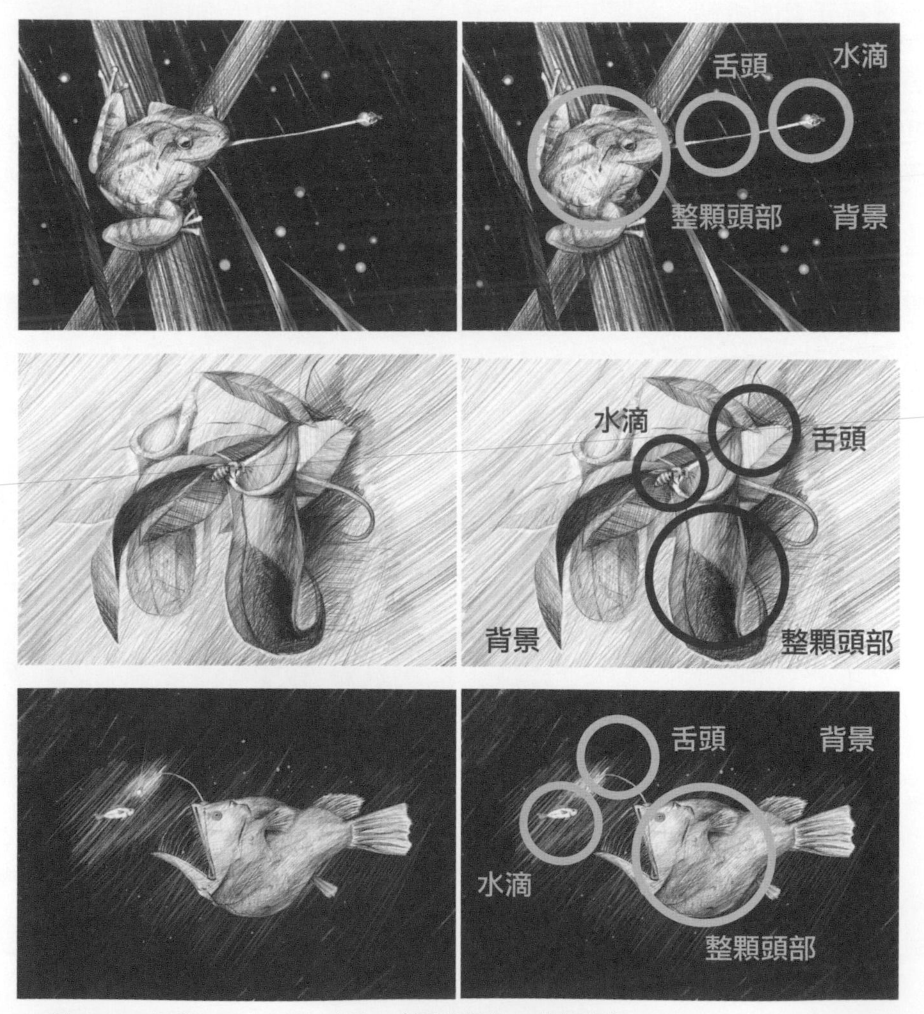

● 圖 4-10　視覺元素拆解範例圖。（圖片提供：蔡燿宇）

由以上的範例中可以發現，創意一開始時確實是需要天馬行空、不受拘束的發想，但是在發想過程中，不能離開商品或是企業的策略面，換句話説，就是必須是在特定的人、事、物上面去發揮才行。將多喝水的廣告圖像透過不同的元素轉換，可以幻化成任何的畫面，而這就是創意元素拆解之後的轉換。

二、轉化元素技巧

廣告在構圖時若是要憑空想像，此種無中生有的能力，對很多人都是非常困難的。若是能藉由畫面臨摹轉換的方式，就能讓自己在發想畫面時有所依據，從而加快畫面成形的速度。畢竟受眾在觀看廣告時，要能讓他們在瞬間就被吸引住，其中視覺的吸引力占了非常重要的地位。藉由此種方式，可增強設計者在版面規劃的構圖能力。

圖 4-11 的例子就是運用前面所介紹的翻書方式，藉此概念去找出元素轉換的相關資料。此廣告想要傳達的內容是「不要在晚上燈光暗的時候看手機」，因為它會讓你的眼睛造成黃斑病變，之後可能會瞎掉且還無藥可醫。經過尋找相關資料後，最後決定用來轉化的圖是「從嘴巴裡，冒出一隻戴有拳擊手套的手，去打另一個人的臉」，這個圖像主要的含義是在講語言暴力這件事情。然後再看到夜晚看手機的狀態，把這兩個元素融合在一起，最後就形成了從手機裡面伸出一隻手，想要將眼睛挖掉的感覺。於是主標題就變成「想讓眼睛瞎掉，那就在黑暗中用手機吧！」

+

=

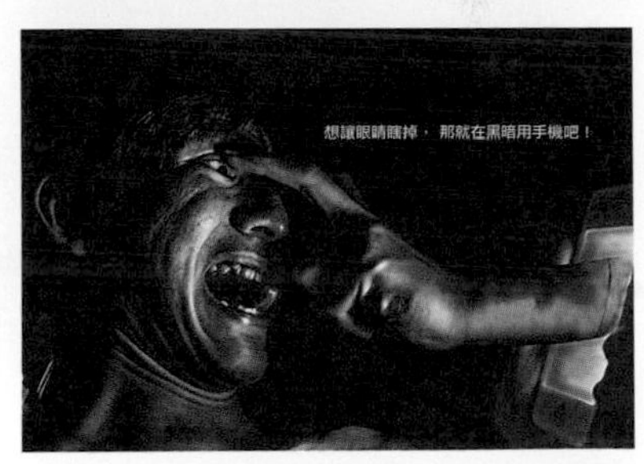

● 圖 4-11　藉由元素整合並加以串聯，完成後成為得獎作品。（圖片提供：侯俊佑）

臨摹轉化要有技巧，必須先抓住原圖的重點元素，再與自己的創意元素進行更換。以下用三組金犢獎的作品做說明。

圖 4-12 原圖是「永和豆漿，日夜對健康的平安照顧」的廣告，構圖採用俯視的杯口來象徵初升的太陽。圖 4-13 的臨摹轉化方式，則是將太陽轉換成黃豆，一樣也是用「永和豆漿日夜對消費者的照顧」為主題，但是畫面轉換之後，構圖與整體的概念已經是完全不一樣了。

● 圖 4-12　永和豆漿廣告（上）。日夜對健康的平安照顧，得到金犢獎佳作作品。（圖片提供：時報金犢獎委員會）

● 圖 4-13　永和豆漿廣告（下）。經臨摹再轉化，亦獲得金犢獎佳作作品。（圖片提供：李佩芸）

圖 4-14 為「李施德霖漱口水，可讓口腔裡的細菌與髒汙，都清除得乾乾淨淨」的廣告，策略講的是「乾淨舒爽的口腔」。而圖 4-15 則為「旺仔 QQ 糖的爆漿感受」，經由臨摹轉化後，張開的嘴各自塞了一顆炸彈與氣球，呈現 QQ 糖即將在嘴裡爆炸的視覺感受，文字也寫出是殺手級與爆炸級的描述，訴求是「滿嘴的爆漿口感」。雖然畫面相似，但兩者的方向完全不同，這點即是前文所提到的：要先清楚產品的訴求，再將元素呈現在畫面上。

最後是圖 4-16 大聯盟廣告，其視覺呈現出許多棒球棒正由戰機上往下丟，表達出「大聯盟即將要開戰了」，其視覺用的是俯視的角度來構圖。再看到圖 4-17 則是運用仰視的角度來構圖，內容是「旺旺乳鐵蛋白酸奶中的活性菌，可以轟炸壞菌遠離疾病」。由此範例即可知道，角度可以反向操作，戰機也變成了貨運機。以上即是臨摹轉化的技法範例說明。

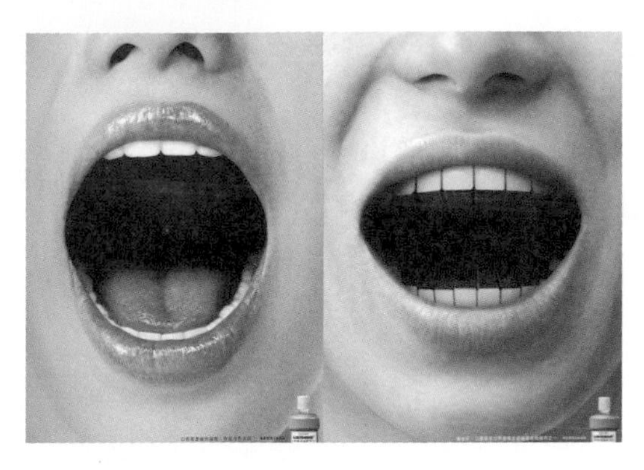

● 圖 4-14　李施德霖漱口水廣告。（圖片提供：時報金像獎委員會）

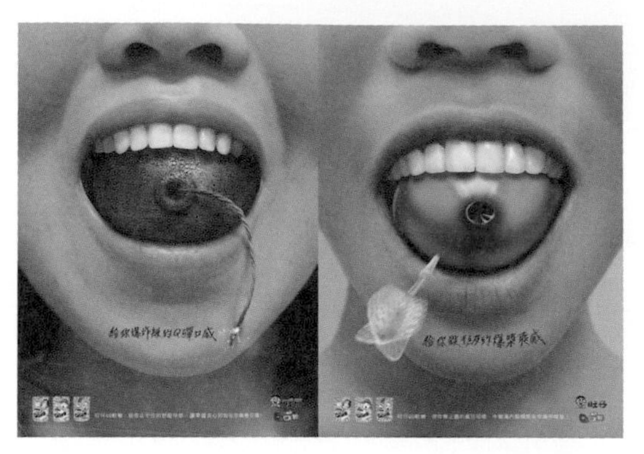

● 圖 4-15　旺仔 QQ 糖廣告，將爆漿實體化為炸彈與氣球，時報金犢獎優選作品。（圖片提供：丁湘婷、鍾鳳玉）

● 圖 4-16 大聯盟即將開戰廣告，運用俯視的角度構圖，為時報金像獎得獎作品。（圖片提供：時報金像獎委員會）

● 圖 4-17　酸奶活性菌廣告，經臨摹再轉化，為時報金犢獎入圍作品。（圖片提供：金宗翰）

4-5 拆解後的版面結構重組

許多正在發想創意的設計人，剛開始思考畫面的時候，通常都會把頭腦裡面想到的所有東西，全部畫在畫面裡，這就有點像在看圖説故事的方式，好像非得要鉅細靡遺的去做細部描繪，才不至於漏掉了什麼東西。但這個方式容易造成「觀眾所看到的重點，並不是創作者所要表達的想法」這樣的狀況，因為此時受眾所收到的訊息量太大、要判斷的事物太多，因此就無法聚焦在設計者所要強調的畫面上。

以求婚的畫面説明，一般人在進行創意思考的時候，會想把所有求婚元素都收錄進來，例如：求婚的地點、求婚的氛圍，甚至燈光與花的擺飾等，凡是與求婚有關的物品都想加進去，此時版面就會因為呈現的東西太多而感覺太過複雜。這時就必須回歸到產品以及真正想要強調的重點上，而畫面只要能夠讓人感受到求婚的概念即可。

由圖 4-18 來看，如果要廣告的產品是鑽石戒指，可是圖中求婚的主題卻是在一個場景中呈現，強調的是求婚的氛圍，畫面中幾乎看不到產品，這就很難讓觀看者抓到廣告的重點。雖然我們也可以運用氛圍來呈現效果，但就企業主的角度來看，往往會要求產品再大一點、文字再大一點。以這張圖上幾乎看不清楚產品的狀況來説，被要求更動的比例就會高許多。若是能在一開始思考時就先評估到這一點，即可將與業主的折衝時間加以縮短。

所以在發想創意時就必須先思考，整體想要強調的重點是什麼？是否需要呈現求婚氛圍？還是只要有概念即可？如果只需出現求婚的概念，此時就可以採用減法的思考方式，把跟求婚不太有直接關聯的畫面一一刪除。

圖 4-18　求婚元素容易包山包海。

在做法上，可將構圖時所畫的草稿運用「對折，對折，再對折」的概念加以重新思考。假設是 A4 紙的話，可以將其折到 B5 的範圍，看一下是不是還可以看得出來是求婚的場景（圖 4-19）？如果這個時候還是能看得出來的話，那就繼續把紙張再折小一點兒。若仍能看得出來是求婚的話，那就代表這個減法的方式是可行的。一直持續到你把紙張折到越來越小時，已經看不太出來是求婚想法的時候，那就代表不能再繼續往下進行了，此時就會停格在剛才可以看懂求婚概念的畫面（圖 4-20）。

運用以上步驟的原因，在於視覺呈現的最後目的，就是在進行視覺聚焦的概念。把所有雜七雜八的元素完全去除，這個動作其實很符合日常生活中常講的「捨得」兩個字，因為有捨才有得。畫面的視覺構圖也不例外，透過減法的摺紙概念，畫面就會很單純的呈現在策略中所想要傳達的「求婚」兩字。

此方法可讓構圖較不易流於舊有巢臼，因為這些畫面已經過前面的篩選、過濾，再加上重新設計過，不僅具有特色，也更能讓受眾理解你想要表達的概念。

圖 4-19　刪減後只剩局部畫面。

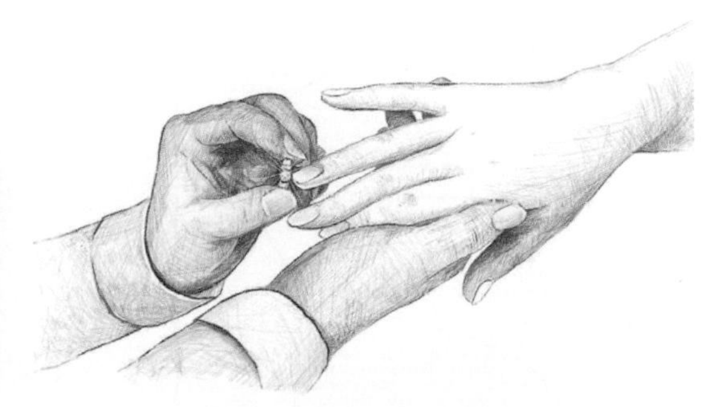

圖 4-20　只出現戒指的單純畫面。

4-6 視覺集中點與不同版型的排版

現今社會的消費結構已經由昔日的大眾文化，變成了小眾文化，受眾不再像往常一樣對於訊息全盤皆受，因此如何讓廣告能在這麼多的訊息中跳出而不被淹沒，這實在是考驗著設計者的智慧。

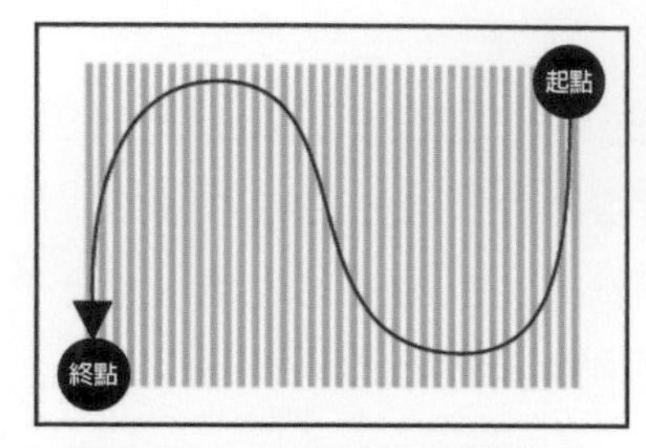

● 圖 4-21　直式編排閱讀動線。（圖片來源：林榮觀，1993）

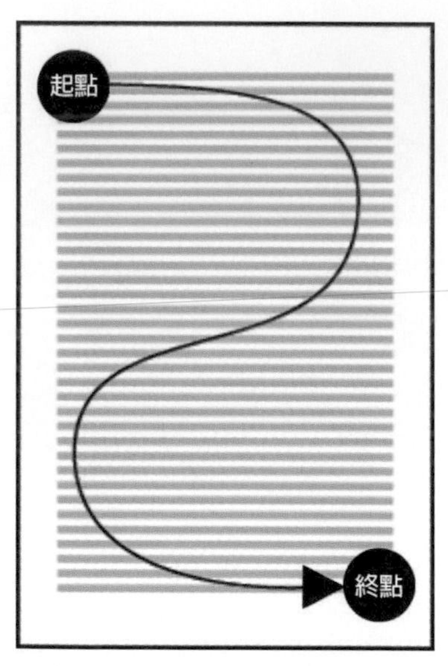

● 圖 4-22　橫式編排閱讀動線。（圖片來源：林榮觀，1993）

由於自媒體的狂潮正席捲著全球，視覺的衝擊越來越強，人們對於視覺的要求也越來越高，版面設計的獨特性也就越來越被重視。因此需要藉由排版的特色，透過視覺的構圖版面，設計出有效的視覺動線引導，讓觀看的人對於其視覺生理與心理之間可以產生聯結，使訊息接收能更具效率。畢竟人的短期記憶其容量非常有限，如何讓眼睛可隨著畫面產生視覺移動，讓記憶變得深刻持久就顯得很重要。

一般人總是認為：在版面的正中間才是最吸引人視覺的點，但根據學術上的論述發現，視覺集中點在橫式編排與直式編排的版面上有所不同。直式編排或橫式編排都具有所謂的「基本視覺區」（Primary Optical Area），當文案編排方式為直式編排畫面時，閱讀者會習慣由右上角看起，再逐漸移至左下角結束（圖 4-21）。

當文案編排方式為橫式編排畫面時，閱讀者會習慣由左上角看起，再逐漸移至右下角結束（圖 4-22）。這「基本視覺區」的視覺移動過程，就是利用文案編排的特性，來引導閱讀者的視覺動線。

一、受眾觀看廣告時的視覺集中點不一定在中央

1956 年，美國心理學家喬治·米勒（George Armitage Miller）發表了一篇題為〈神奇的數字：7±2- 我們資訊加工能力的局限〉的文章，內容講述著人們藉由視覺所能記憶的訊息很少，平均記憶 5~9 個事物，可見得視覺處理訊息的能力有限，只能產生短期記憶，代表一般人在同一時間之內，通常只能看到這些少數事物。視覺注意力是有遴選性的，因此要避免過於複雜的排版，並思考如何吸引受眾注意。設計時通常只須選擇部份重點作為主視覺，讓受眾的視覺聚焦。

在柳閩生（1987）的版面編排論述中提到，設計師在設計海報版面時，往往會刻意創造出一個或數個焦點，誘導閱讀者的視覺動線，使其形成版面上的閱讀動線。可以透過在版面編排上的透視、對比、韻律、漸變等構圖方式，進而影響到視覺動線，更凸顯出廣告想要強調的內容。

以下用兩個廣告稿範例來說明視覺動線。圖 4-23 利用長城綿延不斷的透視，強調快遞公司不只運送量大，且還可運送到遙遠的地區。圖 4-24 畫面則是打噴嚏讓口罩飛很遠，誇張的透視增加整幅廣告的戲劇張力。這兩張廣告的構圖都呈現出透視感，讓觀看者感受到明顯的視覺動線。

● 圖 4-23　快遞公司廣告，綿延不絕的長城，代表運送物件又多又遠。

● 圖 4-24　普拿疼廣告，口罩飛遠的透視，誇大感冒不舒服的狀態。

● 圖 4-25 「當你的品牌有難時」系列廣告，寒色系的天空與海洋，更加凸顯出紅色的救生圈與消防栓，讓畫面更有律動感。

對比上的律動可以運用大小、顏色、明暗、冷與熱等視覺上的差異，來刺激視覺的感受，讓觀者有感覺。圖 4-25 是奧美廣告系列稿，主標題為「當你的品牌有難時」，搭配的都是救生的物品，跟主標題能夠互相對應。再來就是顏色產生的對比效果，使用寒色系的天空與海洋，配上暖色系的消防栓以及救生圈，就更凸顯救生物品的視覺性，讓視覺優先觀看，藉此更注意到畫面想要傳達的理念。

在橫式的編排上（圖 4-26），視覺最集中的地方是在中央 A 的位置，而 B、C、D、E 這四個地方，則是視覺次集中點，例如圖 4-27 可以看出，整個畫面集中點在 DHL 的商標，讓觀看者可以一眼就看到業主想要強調的內容。

在直式的編排中（圖 4-28）視覺集中點卻不是在中間的位置，而是在中間偏上的 A 的位置，視覺次集中點則在 B 位置。以金城武廣告稿為例（圖 4-29），此版面意圖是先讓你看到金城武的帥氣臉龐（A 的位置），再進而將視覺的注意力移動到產品（B 的位置）。

由以上的概念可以得知，視覺集中點並不一定是在畫面的正中間，有時畫面稍為偏斜或是文案不規則排版，視覺集中點也會跟著變化，可以讓畫面產生不一樣的視覺效果。不過構圖是活的，這裡只是提供基本的參考，在執行時還是需視實際的需要，機動性規劃版面。

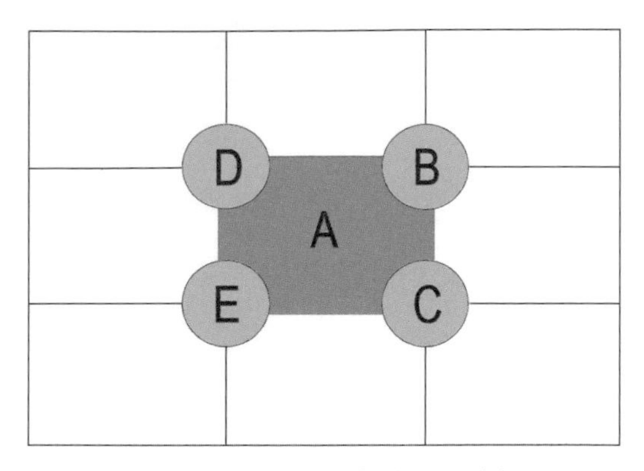

● 圖 4-26　橫式的視覺集中點在 A 的部分，次要集中點則是在 B、C、D、E 的部分。

● 圖 4-27　DHL 的商標放在 A 的正中位置，凸顯名稱，讓消費者更容易記住。（圖片提供：時報金像獎委員會）

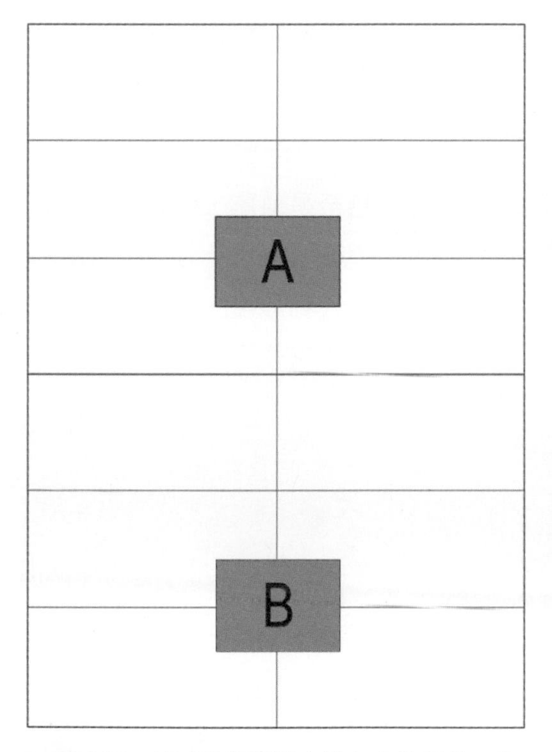

● 圖 4-28　直式的視覺集中點在 A 的部分，次要集中點則是在 B 的部分。（翟治平，樊志育，2002）

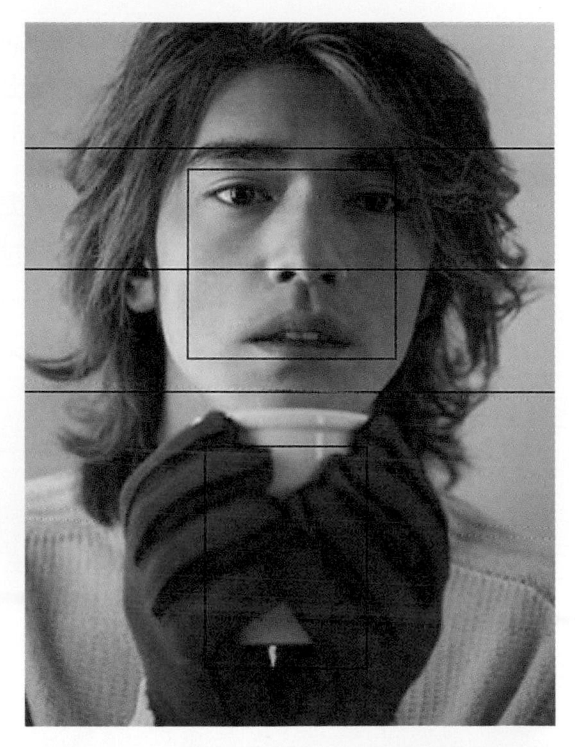

● 圖 4-29　從圖中可以看出金城武的帥氣面孔是最大的賣點，因此放在 A 的主視覺集中點，而產品就放在視覺次集中點的地方，可以讓視覺從 A 點移到 B 點。（圖片提供：時報金像獎委員會）

二、多編排幾種版型以選出最適合者

現今無論是傳統媒體或是自媒體的廣告方式，圖像的運用都占了極大的版面比例。從 1920 年代開始，廣告就開始運用了大量圖片以及簡短的文字，尤其是現代環境運轉的更快，許多人都希望能在短時間即可獲取訊息，若是用了太多的文字資訊，很容易就讓受眾選擇性忽略。但若是有好的視覺效果，就能產生吸引力，這也讓社會大眾開始了解圖像對吸取訊息的重要性。

廣告是否能有效傳達出商品的訊息，往往取決於圖像視覺的呈現，在現今的視覺運用上，圖像的重要性遠超過文案的比重，注意力可高達 70% 以上。加上大眾對於圖像的記憶度也比文字來得持久，因此如何藉由吸引人的版面，讓視覺更深入到受眾心中就顯得格外重要，是產生認同感的關鍵之一。

一般廣告公司或是設計公司，多是以團隊合作的方式進行專案設計。當大夥兒在一起做腦力激盪時，每個人都會提出自己的構圖想法，若是自己的表現不如預期，很容易被人認為是能力不足，由此可知版面能力的培訓，對設計人極其重要。

團隊進行合作的時候，每個人都會提出相關的意見甚至是草圖，經過策略、創意和最後執行出來的效果等各個層面的討論後，才會知道誰的概念比較好。能夠達到最好的成果，才是團隊合作的最終目的。當構圖已經進入到最後的收尾階段時，可以試著多做幾種版型，看哪一種排版才是最適合的（圖 4-30）。

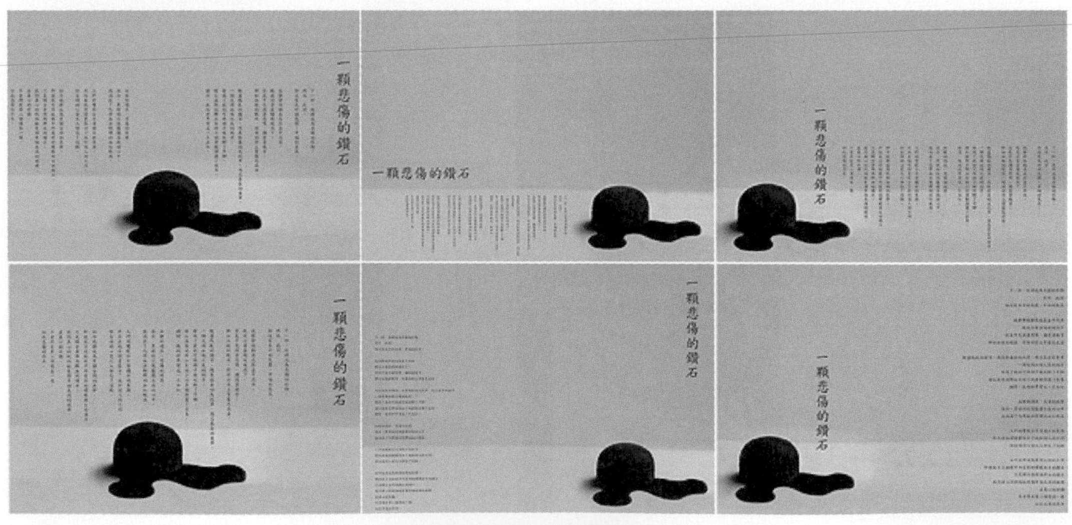

● 圖 4-30　多做幾種不同的版型，再選出最合適的視覺效果。

在版型設計上，以圖 4-31 ～ 4-33 為例，排版時，物品可以置中、放前面或是擺在後面，若調整物品的大小，主標跟內文擺放的位置也會跟著不同。正因為排版差異性大，給人的感覺也會產生很大的差異，進而讓業主輕易選出最想要的版本。

此方式可讓設計師或是業主更容易從中判斷和做出選擇。在提報時，業主和設計師的思維常會出現認知上的落差，例如業主想要放大物品，但與設計師的美感相牴觸，此時設計師即可運用不同的排版讓客戶去選擇，因為客戶往往要看到實際的圖稿，才能確認彼此溝通的內容是否相同。

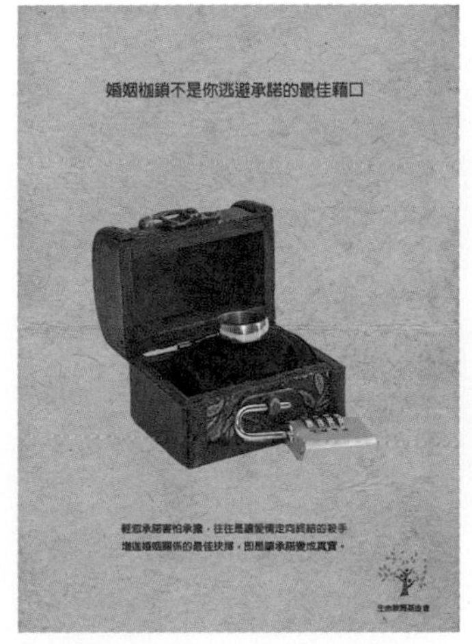

● 圖 4-31　物品居中的視覺效果。

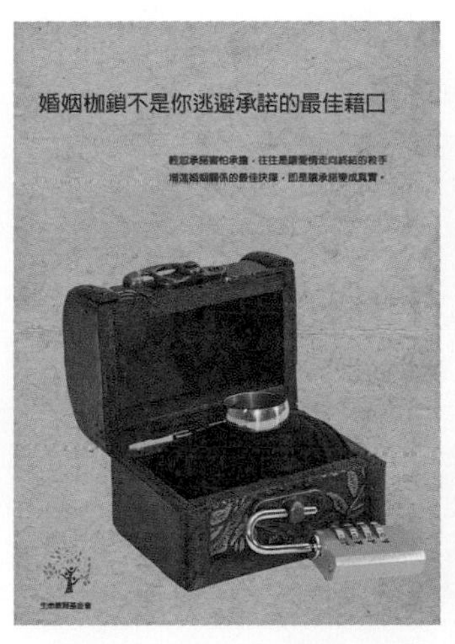

● 圖 4-32　物品放置前方的物品視覺效果。

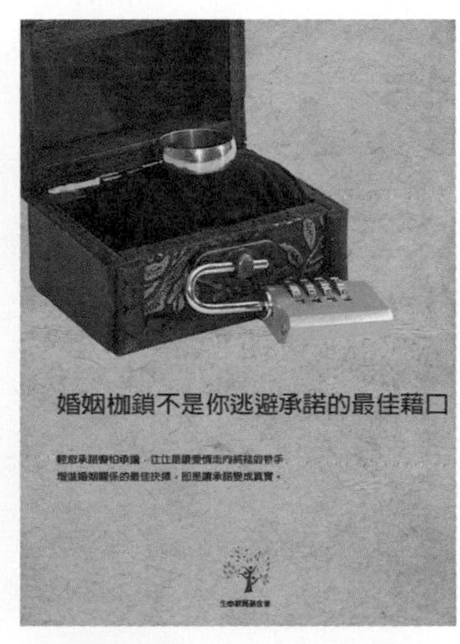

● 圖 4-33　將物品超出邊際，來達到視覺向外延伸的視覺效果。

寫出受眾內心世界的廣告文案——

文案四大元素與七種呈現方式

製作廣告稿有相當多的細節必須注意，許多修習過廣告設計的學生，都會有一個深刻的感覺，以前看廣告稿，覺得只不過是一張平面稿而已，當真正執行時才發現，光是通過最終的「創意」就要花掉很久的時間。而在大家將圖面處理完之後，以為總算脫離了地獄時光，沒想到真正的磨練才要開始，那就是文案的撰寫。因為好的文案要求文字之間必須要有起承轉合，有些地方甚至還需押韻，這些都是習慣圖像創作的設計人，較難克服的撰寫過程。

早期的文案可能跟隨著圖像而撰寫內容，但現在網路資訊多元，文案要能吸引群眾，用單一面向的方式去敘述商品已顯得不足，撰寫方式因此變得越來越多樣化，或是用動人故事、在地文化訴求，甚至是反諷等方式，都可讓文案的內容，更深入受眾的內心世界。廣告其實就是在給受眾鋪陳一個圓夢的過程，構築一個美好的願景，讓顧客的心理產生正面感受：像是吃到美味食物或喝到好喝飲料所帶來的滿足感，或者是擁有這個商品可以獲得想要的氛圍、心靈感受，甚至是改變目前生活等憧憬。

例如圖 5-1 的廣告產品為汽車 MAZDA3，是全台數量非常稀少的限量版，文案寫出「這是你唯一能遇到相同車子的方式」，搭配畫面中呈現出車子的水中倒影，以潛台詞「你遇不到相同的車子」來強調此車的稀有性。圖 5-2 飲料廣告中，訴求飲料裡有大顆的果粒，因此文案強調「超大果粒」，視覺畫面為了表現果粒的尺寸，吞嚥的果粒大到能突出喉嚨，讓女生也有明顯的喉結。

撰寫文案時，首先要與業者溝通來了解產品：「這個商品想傳遞給受眾的真正需求是什麼？如何將產品特色與受眾需求相結合，讓他們覺得這個商品是有用的？」現在許多飲食相關的業者常會說：我的產品是有機或是跟小農合作的，但是在現今這個大環境裡，這兩個條件早已不是產品特色，而是變成必須的條件了。

假設以販售橄欖油為例，思考其產品特色：它的賣點是什麼？是吃了這一款油後，可以為身體帶來什麼樣的好處嗎？若是引用資料「根據美國心臟學會指出，橄欖油富含單元不飽和脂肪酸，能消除體內不好的膽固醇，有效降低心血管疾病的風險。」像這種實際的研究統計訴求，對注重養生的族群來說，就會引起他們的注意。

● 圖 5-1　MAZDA3 廣告顯示此車稀有，只能藉由水中倒影看到相同的自己。

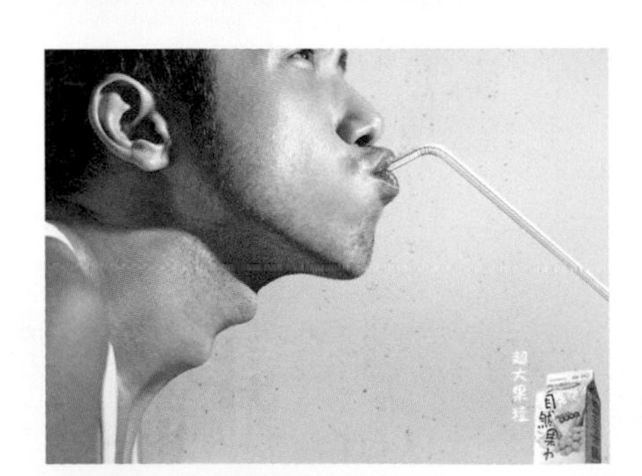

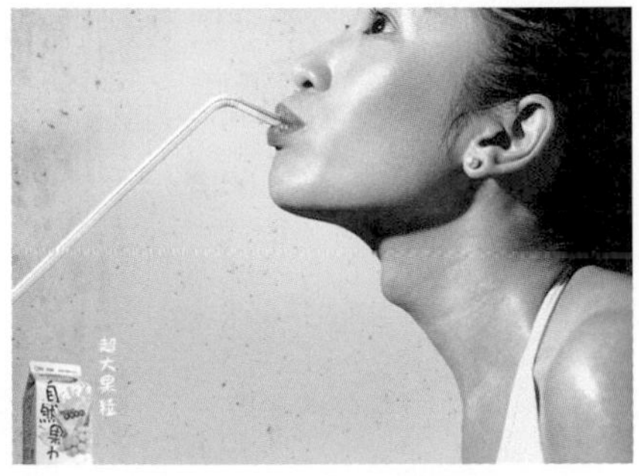

● 圖 5-2　文案寫出「超大果粒」，因此喉嚨突出果粒形狀就變成視覺重點。

● 圖 5-3　燈具廣告，文案寫「不眩光的博視燈，才是學習的明燈」，表達出使用此產品，就不會將字寫錯了。

● 圖 5-4　Sony 充電器擁有無限充電的強大賣點，以海星再生的能力搭配文案「無限重生」。

從圖 5-3 燈具廣告中可以看出，此產品主要的賣點是不會產生眩光，讓消費者在使用時不會影響寫字。

圖 5-4 中則是想表達，Sony 的充電器電力快放快充，只要 15 分鐘就可以同時充飽 4 顆電池，還擁有超過 1000 次以上無限重生的能量，可見得此充電器的賣點很強大。

由以上案例可知，在撰寫文案之前，必須很確定產品的賣點是什麼，要傳達訊息的對象是誰，要將怎樣的訊息傳達出去，從而去思考要寫什麼樣的文案給消費者知曉。

5-1 撰寫文案時的思維轉換方式

創作文案或動人故事時，試著大膽一點，先將想法寫下來再說，不用擔心寫得好或是不好，正因為一開始撰寫的不確定性，才更能呈現出多元的方向。唯有多元性的寫法，從這些內容中去找出最適合產品的文案，並在撰寫的過程中嘗試不同的語法，再搭配視覺圖像，當廣告中的圖文放在一起互為因果，此時產品的特色才會被更加彰顯。

一、觀察人事物以增加思維的豐富度

要做好一個文案撰寫人員，最重要的是懂得隨時觀察身邊的人事物，因為只有自己親身體驗過，才會將這些元素自然的融入到思考裡，然後轉化成自己的想法，繼而撰寫出有特色的文字。

除了觀察之外，也需要常跟不同的人聊聊天，在談話的過程中，透過對方的描述，進而去理解不同人的生活狀態，知道人的行為習慣與思考邏輯，好奇他們在生活上面對種種情境時所引發的快樂與傷悲，並藉由這些不同層面的情緒感受，去思考是否可解決這些困難。這些交流得來的經驗，都可以成為撰寫文案時的想像養分。這就像許多演員在電影開拍前，常會接受角色訓練，先感受要扮演角色的人格特質、心理狀態、肢體語言，以及可能會經歷的事情等，經過這些體驗後的感受，遠比在電腦前的憑空想像，更能有感覺的表達出情緒。

許多人遭遇失戀或是失業時心裡會鬱悶，沮喪的時候就會想找心靈寄託。有許多的文創商品或者是貼圖，都是藉由產品設計來讓人獲得心靈上的紓壓。例如2022年高雄台灣文博會及台灣設計展，高雄市政府舉辦了「台灣IP．高雄原創——聊療漂漂河」活動，集結了六位來自高雄的LINE超人氣貼圖明星作為活動大使，包括：貓爪抓、塔仔不正經、無所事事小海豹、ㄇㄚˊ幾兔、豆卡頻道、PPmini小小企鵝，主辦單位將他們的形象巨大化之後放在愛河流域上，每天都吸引了非常多人前去參觀（圖5-5）。圖5-6是豆卡頻道的IP法鬥茶包，牠一現身就吸引許多人拍照，連狗狗都成了明星，這就是一種藉由設計療癒人心的好方法。

● 圖 5-5　高雄原創—聊療漂漂河活動，六隻 LINE 貼圖明星。（圖片來源：高雄市政府網站）

二、善加運用圖像思考輔助文字思維

● 圖5-6　豆卡頻道的IP法鬥茶包，許多愛狗一族前往現場，讓狗狗也成為了明星，被許多人包圍著拍照。

要將文案撰寫成讓人有感的內容，若只藉由文字邏輯來敘述，通常思考就容易卡住。這時可以嘗試在文案中運用圖像的概念來進行創作，即是利用文字來呈現出畫面感，這會比單純的文字敘述更容易引起共鳴。就像金庸的小說，能夠藉由文字的細微描寫，刻劃出許多生動的景物，這也説明了文字是可以被圖像化的。著名的小説家海明威，他除了做過記者之外，更當過廣告文案寫手；台灣的設計師聶永真，大二時曾獲得第一屆誠品文案的寫作大賽大獎，也因此開啟了他幫誠品以及客戶寫文案的工作。由以上的範例得知，很多作家厲害的地方，就是他們能生動地運用文字去描寫人、事、物，讓看過的人在腦袋裡自然地將內容轉變成圖像。

現在年輕人對圖像的要求遠大於文字，因此在做文案撰寫時就須先思考，如何跟受眾產生直接對應的關係。由於年輕人用手機的比例實在很高，再加上自媒體的興起，現在許多人都是透過網路來獲得不同的資訊，所以在撰寫文案時，就必須思考，如何在電腦與手機螢幕的小框框裡，寫出引人注目的內容？長期觀察下來的結果發現，簡單易懂且容易產生分享概念的文字，更能被現代人所理解與喜歡。所以如何使文字簡短有力，讓人一下子就記住，可說是現在進行文案必須去思考的。

網路梗圖是容易引起分享轉貼的一種形式，之前網路流行語「像極了愛情」，造成許多人模仿與分享，方式是隨意寫一段話，文末只要再加上一句「像極了愛情」，就能完成煞有其事的一首現代詩。

當時掀起許多人寫詩的風潮，不只是粉絲專頁與網紅們，就連內政部與財政部等公部門也都參一腳。不過這種流行梗具有時效性，要趕緊運用才會有效果。圖 5-7 是蝦皮小編藉由「像極了愛情」時事梗創造了多則貼文，讓許多網友笑翻，用淺顯的文字讓網友直呼太有梗了。若想要貼近時事，就要多注意朋友們都在聊些什麼，才會知道什麼是時事貼文。

● 圖 5-7 跟風「像極了愛情」，蝦皮購物藉由時事梗創造貼文，引起許多人的貼文迴響。（圖片來源：翻攝自蝦皮官網）

蝦皮小編另一個引起話題的網路文案，即是模仿 2018 年超夯的清宮劇《延禧攻略》，劇中人物的對話與個性，來進行網路文案的梗圖用法，將劇名「延禧宮略」改為「顏洗攻略」，並運用文字的雙關語魔力，讓人立刻帶入到戲劇的梗來（圖 5-8）。此方式透過時事的運用，讓觀眾能將目光駐足在這個網路廣告上，真的是一系列非常成功的網路行銷文案。

從新興科技媒體中心所做的 2020 年台灣民眾對媒體的調查報告中可以得知，民眾最常使用網路獲取即時新聞，占 75.9%（圖 5-9），尤其習慣使用社群媒體、Google 搜尋，與其他網路平台來獲取資訊，透過電視媒體也有 50% 的比例，第三名的報紙只剩下 8.4%。這也是現今設計人要明白的媒體走向，當廣告出現在手機的小框框時，要注意視覺上該如何設計，才能讓受眾看清楚資訊。

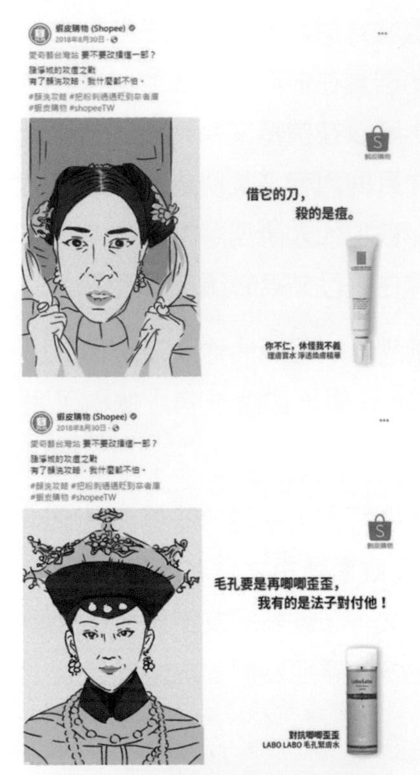

圖 5-8　蝦皮購物運用《延禧攻略》的時事梗圖與文案，在網路上引起很多人的分享與討論。（圖片來源：翻攝自蝦皮購物官網）

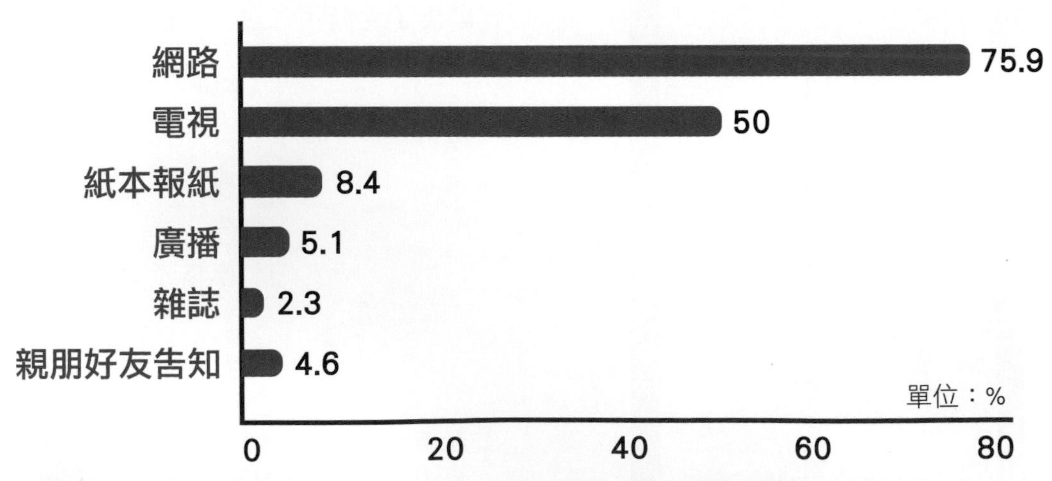

圖 5-9　台灣民眾對獲取新聞資訊的管道調查。（資料來源：2020 年新興科技媒體中心）

從 2021 年尼爾森發布的調查數據可以看出（圖 5-10），25 ～ 44 歲族群顯著偏好從入口網站與新聞社群平台觀看新聞，年紀稍長者占比其實不高，只是在這兩年可以發現年長者成長幅度是比較明顯的，從此演變中就可以理解為何長輩文、長輩圖的隨處可見的現象。牛津大學調查民眾主要獲取新聞的社群媒體（圖 5-11），前三名分別為 Line、Facebook、YouTube 這三者，此結果也符合台灣民眾的情況，而此數據也會影響企業主對於廣告的投放方式。

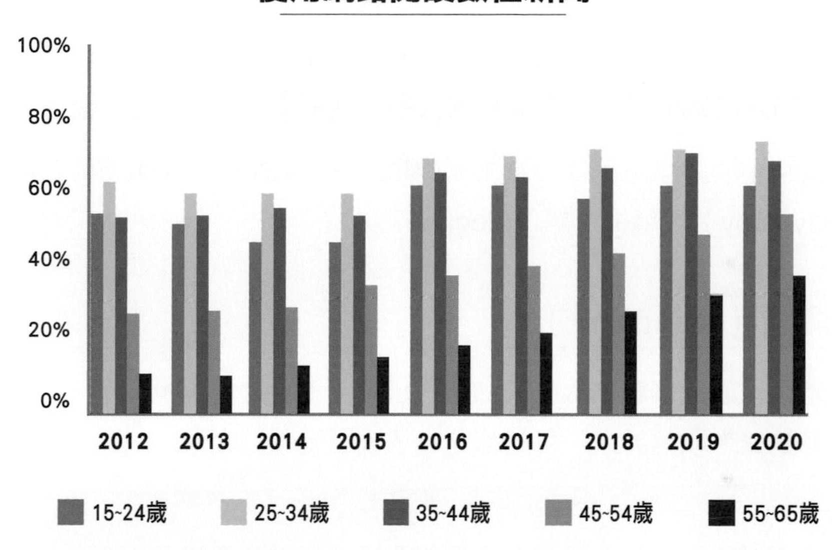

圖 5-10 使用網路觀看新聞的年齡層分布。（資料來源：凱絡媒體週報）

排名	品牌	獲取新聞	其他目的
1	Line	49%	67%
2	Facebook	47%	70%
3	YouTube	41%	68%
4	PTT	8%	17%
5	Facebook Messenger	8%	30%
6	Instagram	8%	28%

圖 5-11 Line 與 Facebook 以及 Youtube 是台灣民眾獲得新聞資訊的重要管道。（資料來源：凱絡媒體週報）

5-2 撰寫文案的四大元素

廣告作品除了圖像必須吸引人之外，還必須運用文字與圖像互相呼應，讓受眾能清楚的理解廣告所要表達的內容。因為單以圖像有時不大容易明瞭廣告傳達的意涵，但是加上了文案之後，便可瞬間理解，這就是所謂的慢讀秒懂。

文案不單純只是文字的堆疊，其背後的策略考量是最為重要的。有了策略，在撰寫文案時才能更有條理，並明確朝著目標邁進。因此，文案內容不只要有吸睛的能力，以商業廣告來說，更要讓受眾在看完後，產生購買的慾望與衝動。文案不見得要長，吸引人的圖像有時只要簡單的文字，就可以讓受眾心領神會。

廣告文案主要是以下列四項為主：主標題（Headline）、副標題（Sub-catch）、內文（Body copy）、精神標語（Slogan）。

一、主標題（Headline）

主標題可以說是廣告映入眼簾的第一印象，不管是用驚世駭俗、標新立異的寫法，或是用數據來取信於人，目的都是為了吸引受眾的眼球，這是撰寫廣告文案的首要課題。

主標題的重要性，是將產品或企業想要表達的重要資訊寫出來，例如一項重視口感酥脆的食品，不能只寫「我們的產品很脆」，因為單單「脆」一個字很難讓人知道它的等級，因此可以試著用吃薯片、蘋果等會發出清脆聲音的事物來描寫，會讓人比較好理解。又例如描寫重量的文字，只寫「很重」無法讓人馬上明白到底有多重，若是寫成「像 50 頭大象這麼重」，就比較直觀易懂。這就是利用已知的經驗，去輔助抽象的概念，以此來增強對文字的理解。

主標題無需使用太多的文字描述，可盡量控制在 10 個字以內，簡短而有力的主標題，比較能讓受眾在最短的時間內產生記憶。另外寫文案要有因有果，才能夠讓人了解圖文之間的連動關係。以下列舉四張平面廣告來講解主標題的概念。

圖 5-12 運用塵蟎會藏在棉被裡，不處理就會引起身上嚴重過敏的概念。畫面中的棉被捲成爆炸後蘑菇雲的形狀，搭配主標題「塵蟎的威力，一發不可收拾」來表達塵蟎對人的殺傷力。畫面看到的是結果，主標題則是點出原因。

圖 5-13 是運用道路的透視感，讓路面形似一棵耶誕樹，圖上方透著隱隱的亮光，有如耶誕樹上的星星光芒，搭配主標題「你才是孩子最期待的耶誕禮物」，點出受眾是有小孩的父母，此種家庭通常會有買車的需求，以此連結到廣告產品 MAZDA 汽車。圖 5-14 排骨雞麵的廣告，一個女子坐在水肥車的踏板上吃泡麵，主標題只用「夠香」兩個字，簡單直接，強調泡麵的香味能蓋過一切異味！圖 5-15 OKWAP 翻譯機廣告，用脖子上卡到疼痛的英文單字，搭配主標題「要命的英文」，簡潔易懂讓人一目了然。

● 圖 5-12　棉被呈現出蘑菇雲的形狀，表達塵蟎的殺傷力強大。

● 圖 5-13　MAZDA 汽車廣告，最佳的耶誕禮物就是你。（圖片提供：時報廣告獎執行委員會）

● 圖 5-14　排骨雞麵廣告，只要有夠香的味道，就能掩蓋水肥車的異味。

● 圖 5-15　OKWAP 翻譯機廣告，表現英文對許多人來說是個致命的壓力。（圖片提供：時報廣告獎執行委員會）

以上案例都是運用很短的主標題，卻能讓人理解圖的意義，這就是屬於良好的主標題撰寫方式。

主標題可以運用以下三點概念撰寫：

1. 簡短有力，盡量控制在不超過 10 個字左右。
2. 引起受眾的好奇心與吸引力。
3. 寫出有圖像的內容，除了產生想像空間外還可引發購買行為。

在想主標題時，需注意的是不要把圖已經表達出來的概念，再用文字寫一次，若是可以達到一語雙關的狀況是最好的。如圖 5-16 為了強調蜆精的提神效果，巧妙的運用蜆殼來當做眼睛，半開半閉的效果，顯露出眼睛快張不開的疲累感，主標題「眼皮常感千金重？」，搭配蜆精的產品圖，讓消費者快速理解產品的提神醒腦功能。而圖 5-17 畫面描述過馬路本來是一件容易的事，但短短的斑馬線，對關節不好的老人反而是一種酷刑，因此主標題寫出此心境「當簡單的事變得困難」，以此連結到產品舒關錠能舒緩疼痛的訴求。

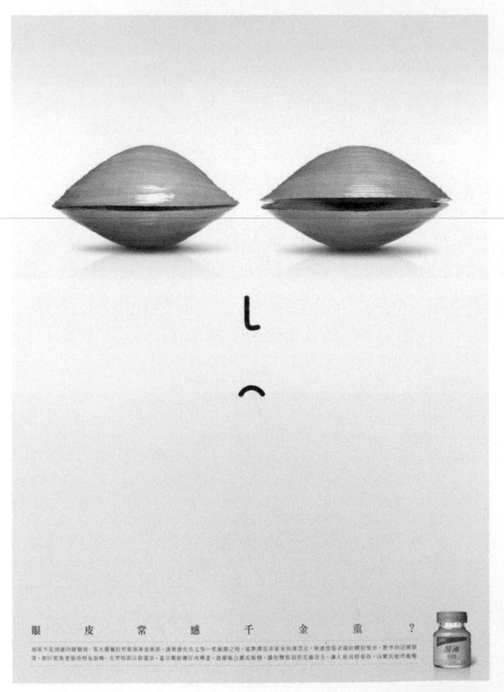

● 圖 5-16　旭沛蜆精廣告，功能是為了提神，圖文搭配讓人一看就懂。

● 圖 5-17　舒關錠廣告，此產品可舒緩關節疼痛，在講老年人關節不好時，走路就會變得很辛苦。（圖片提供：時報廣告獎執行委員會）

二、副標題（Sub-catch）

副標題主要在陪襯主標題，將整個廣告的內涵做補充說明，當主標題解釋得不夠完整時，即可藉由副標題將整個廣告理念傳達的更清楚。

副標題與主標題的組合是相輔相成的，可以說是廣告文案中的重要組成，關係到整個廣告意涵的精神以及格局，一個好的標題寫法可以讓觀看者有新奇感以及深刻的記憶。

由於現今整體環境講求快速讓人理解，所以往往在構思主標題時，就已經思考著如何讓受眾能一眼就看懂，副標題出現的比例就少許多。但有時也會運用在主標題留下伏筆的方式來呈現，藉此讓受眾產生疑問或者引發好奇心，此時即可加上副標題解答來增加廣告吸引人的感受。以下就用兩個廣告案例來說明副標題的用法。

圖 5-18 生鮮食品廣告，主標題「生的／活的／才是生活」，與「就算你是帝王蟹，也要隨叫隨到」，乍看不太清楚廣告想要表達的概念，僅能從畫面猜想，應該跟海洋有關。看到左側副標題時就能補充完整訊息：「盒馬鮮生 30 分鐘送達，新鮮猶如現捕」，看完之後就能心領神會，主標題「生的／隨叫隨到」的涵義，原來意指達到副標題「新鮮」的目標。

圖 5-18
生鮮食品廣告，藉由副標題中所提到的新鮮，去呼應主標題的生活與隨叫隨到。（圖片提供：時報廣告獎執行委員會）

圖 5-19 御飯糰廣告，主標題只寫著「堅持」兩字，光從字義上無法令人明白想傳達的是什麼，此時副標題補上了「1 個堅持緊接著 1 個堅持，從開始就沒有鬆懈過」，畫面搭配集結成齒輪的三角飯糰，如此副標題的補充說明，就可完整傳遞廣告中想強調的，御飯糰十年來的堅持始終不變的概念。

● 圖 5-19 御飯糰廣告，副標題適當的將主標題「堅持」的隱喻點出來。

三、內文（Body copy）

內文撰寫的方式，會隨著產品的不同以及畫面鋪陳而不同，必須將產品不足的資訊在內文中補齊，才能讓受眾完全理解廣告想要傳達的訊息。內文字數在廣告中是最長的，內文要讓受眾易懂，並且留下想像空間，就得要從廣告的整體性，來思考撰寫內文的方向。

撰寫內文前，最先要思考的是此廣告最終的目標是什麼，是想要寫出讓受眾感動的文案，還是想引發好奇，促進受眾想要了解的衝動，使其從被動接受廣告，轉而主動了解，這些都是內文可以撰寫的方向，只要能讓廣告走進受眾心中，就會是一個好的廣告內文。

（一）多面向思考

撰寫文案必須用多面向的方式來撰寫，因為只有藉由不同面向來撰寫，才能精準抓住哪一種文案最適合視覺創意的思考邏輯，單一論述比較難符合產品真正的特性。內文撰寫是有目的性的，可能是短短的一行，也可以是長長的一段文章，不論字數長短都必須讓受眾方便閱讀與理解廣告的內容。寫作風格從寫實、另類到文青都可以嘗試看看，這樣文案的表現形式才能多元豐富。

例如要寫出與死亡相關的詞句，就可以分作「有形死亡」與「無形死亡」的寫法（表 5-1），兩種寫法面向不盡相同，讓觀者產生不同的心理感受。有形的死亡有如親臨現場的真實感，使人馬上有心理反應。例如：身上橫七八豎的插著六、七把西瓜刀，這就像古惑仔電影般的畫面，讓人感受到現場的血腥場景。而無形死亡其中的掛點、葛屁、薪盡火滅與油盡燈枯，意義都是死亡，但比較偏向文學的寫法，並且運用了同義異字的概念。

當系列稿要寫出不同段的文案，但又要有相同系列的感覺時，就適合運用同義異字的寫法，讓稿件的文案有連續性。以上方式都是藉由不同面向，去做文案練習的思考方式。

● 表 5-1　運用不同面向思考來練習文案寫法

有形死亡的描寫	無形死亡的描寫
1. 身上橫七八豎的插著六、七把西瓜刀	1. 媽媽化作風信子隨風飛至遙遠的國度
2. 臉色慘白、瞳孔放大且身體僵直	2. 要不了三五天准翻著白肚鼓著眼
3. 鼻息裡的空氣不再流通	3. 灶上的鍋仍在，但掌杓的人卻永遠不回來了
4. 電擊器反覆使用但心電圖還是成一直線	4. 掛點、葛屁
5. 大家將手上的玫瑰一一拋向棺木中	5. 涅槃、圓寂
6. 無力的雙手一攤撒手西去	6. 薪盡火滅、油盡燈枯、駕鶴西歸

（二）系列稿

廣告稿件通常不會只做一張，有時候會是兩張、三張，或是好幾張成為系列稿。但不管是幾張的系列稿，標題的寫法就要注意整體性，當第一版文案完成之後，接下來的系列稿就會以第一版的文案方向來撰寫，無論是語法或是字數都需相似，目標是讓全部系列廣告看起來是同一家的廣告，讓品牌印象可以延續。正因為涵義要有所連接，因此同義異字的技巧就會很常用到。

如圖 5-20 系列稿廣告，主題是時報旅遊，目標對象是高中生，年紀區間在 16、17、18 歲，而暑假想要到去國外遊學，暑假兩字也就對應到了 7 月、8 月與 9 月，正是極其炎熱的季節，因此文案就運用了仲夏、溽暑與炎日三個都是炎熱季節的名詞，運用同義異字撰寫系列稿主標題的概念（圖 5-21）。

● 圖 5-20　時報旅遊金犢獎得獎系列稿。（圖片提供：許瀞方）

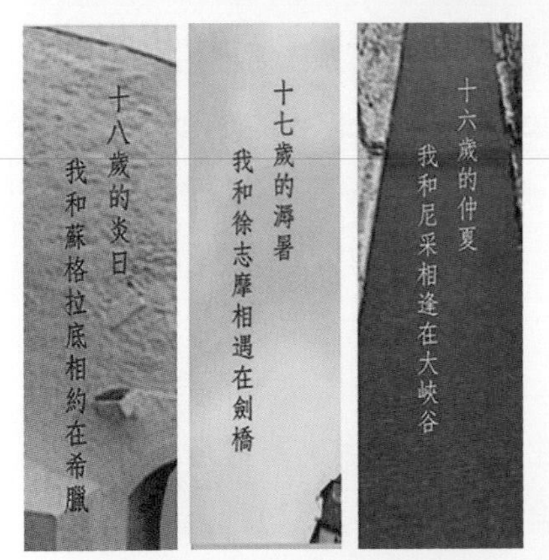

● 圖 5-21　從主標題中可以看出，系列稿的寫法要互相對應。

接著由此系列稿看內文的寫法（圖 5-22），「美國的疆域」、「英國的街道」與「希臘的海岸」，都是從國家的地理文化描述各自的特色，而且字數相當。「呈現著過去」、「見證著過往」以及「刻劃著從前」，其中過往、從前與過去都是一樣的概念，而「我和徐志摩相遇在劍橋」、「我和蘇格拉底相約在希臘」以及「我和尼采相逢在大峽谷」，這文案的寫法為：徐志摩、蘇格拉底與尼采都是人名；相遇、相約以及相逢都是動詞；劍橋、希臘以及大峽谷都是地理位置。

這類文案的寫法，就是要能運用同義異字的概念來進行思考，整個系列稿的概念才會完整一樣，而不會有前後敘述不一的問題。

十六歲的仲夏
獨自遊走在美國的疆域
看著歷史的足跡
呈現著過去
那精細的創造力
彷彿是個完美的雕塑
讚頌著美國的壯麗
此刻的我是多麼的細微
帶著崇敬的思維
欣賞曠世的鉅作　大峽谷
遙想　尼采過往的風采
此時　我彷彿看見了他
我們詠唱　眺望未來
不需要言語
只求心靈的契合
多年以後　我依然記得
那年夏日的早晨
我和尼采相逢在大峽谷
不同的是
我留下了心中的一道彩虹

十七歲的溽暑
獨自漫步在英國的街道
看著歷史的足跡
見證著過往
那強韌的生命力
彷彿是個偉大的巨人
守護著英國的文化
此刻的我是多麼的渺小
帶著朝聖的心情
膜拜文化的學府　劍橋
聆聽　徐志摩過往的心情
此時　我彷彿看見了他
我們吟詩　唱談古今
不需要言語
只求心靈的契合
多年以後　我依然記得
那年夏日的午後
我和徐志摩相遇在劍橋
不同的是
我帶走了心底的一片雲彩

十八歲的炎日
獨自徘徊在希臘的海岸
看著歷史的足跡
刻劃著從前
那細微的創造力
彷彿是個精緻的畫作
描繪著希臘的細膩
此刻的我是多麼的巨大
帶著專注的神情
觀望歷史的古都　希臘
緬懷　蘇格拉底過往的事蹟
此時　我彷彿看見了他
我們談論　思考人生
不需要言語
只求心靈的契合
多年以後　我依然記得
那年夏日的傍晚
我和蘇格拉底相約在希臘
不同的是
我帶走了心裡的一抹真誠

圖 5-22　系列稿內文範例，運用同義異字的撰寫手法。

四、精神標語（Slogan）

精神標語可說是運用最短的文字，將產品特色與優點，或是企業的精神象徵顯現出來，濃縮整個廣告的核心精華。由於日後的消費大眾注意力只會越來越短，因此文案盡可能一針見血直達核心，運用最簡短的文字去創造出最大的品牌感動力，才是勝出關鍵。

精神標語代表著品牌的價值，也是給受眾留下直接印象的口號，此種口號無需太咬文嚼字，簡單易懂且又能耐人尋味是最重要的。例如大家耳熟能詳的 NIKE 口號「Just do it」，就直接傳達出此企業的核心理念與品牌精神，圖 5-23 為 NIKE 活動廣告，主標題搭配精神標語更能深入人心。圖 5-24 De Beers 公司「鑽石恒久遠，一顆永留傳」，這句最為經典的精神標語，承載了品牌永續與道德的經營理念。圖 5-25 永慶房屋的「先誠實再成交」，則很符合年齡在 30 ～ 45 歲的主要購屋族群。買房最怕買到有問題的房子，以及資訊不透明的狀況，因此誠實就會是該族群很注重的地方。以上例子，文字雖然簡短，但企業精神與標語結合，皆讓消費者留下很深的印象。

撰寫精神標語可以朝四個方向進行：

1. 字數需簡短，意義要簡明。

2. 寫出品牌特有的獨特個性。

3. 讓文字創造畫面，產生共鳴。

4. 運用口語風格，易於記憶。

● 圖 5-23　NIKE 猶豫是對自己太客氣廣告。

● 圖 5-24　De Beers 鑽石廣告

● 圖 5-25　永慶房屋廣告。

近年台灣廣告的精神標語更貼近受眾的心理狀態，例如波蜜果菜汁的「年輕人不怕菜，就怕不吃菜！」（圖 5-26）直接點出年青人少吃蔬菜的問題，語句詼諧且押韻。蝦皮脫單情人節的精神標語則是「今天下單，明天脫單」（圖 5-27），運用幽默手法寫出想要有伴的雙關語，符合年輕世代的心態。再來是黑橋牌香腸的「用好心腸做好香腸」（圖 5-28），講述品牌負責任的態度。廣告標語的時代感很重要，各年齡層皆有不同的文化語言，好的標語必須符合現代受眾的習慣。

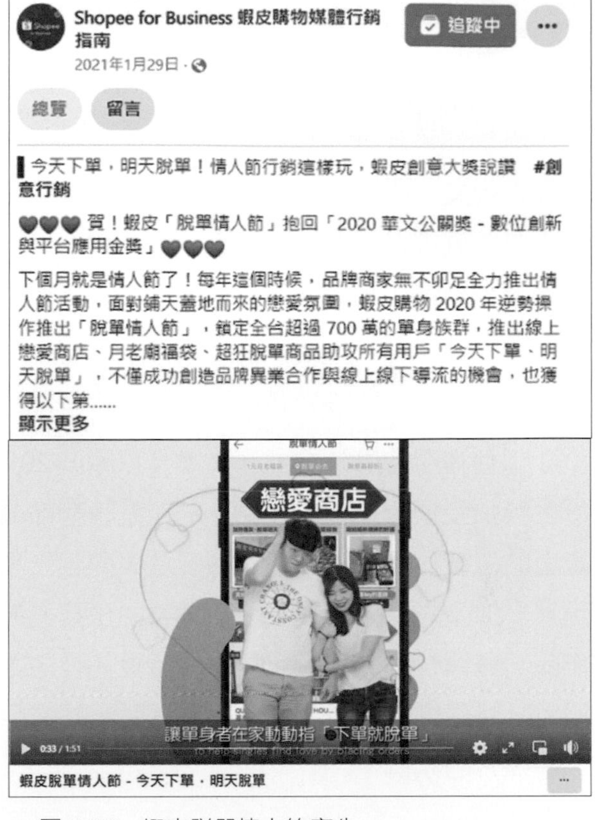

圖 5-27　蝦皮脫單情人節廣告。

圖 5-26　波蜜果菜汁廣告。

圖 5-28　黑橋牌香腸廣告。

5-3 如何借力使力轉化文案

無論你是什麼背景，都可以先用臨摹的方式，讓文案架構達到一定的水準後再來細修內文，市面上一些以廣告文案為主的書籍，其實就是很好的參考。許多人會問「要怎麼挑選適合的書籍呢？」其實不用特別挑選暢銷書，不論是新書或是二手書都沒有關係，主要需求在於參考內容架構完整的文案。到書局裡挑選瀏覽，哪本書能讓你一直看下去，那本就會是你最適合閱讀的書了。下段範例即是參考文案專家李欣頻所撰寫的《廣告副作用》，並將書中的文案加以轉化。

如何運用臨摹的方式寫文案？以圖 5-29 ～ 5-31 系列作品為例，這是某一年帶學生參加金犢獎比賽的作品，主題是教育部為宣導生命教育，探討著人生存在這社會上的意義。經過討論構思的想法與內容後，建議學生先運用攝影拍出適合主題的照片，並預先叮嚀構圖要留下文案的位置。最後學生拍出許多單一色系的系列攝影作品，整體帶了點孤寂且復古的感覺。從中挑選三張即使加入文案也不影響構圖的照片，且建議她配合整體的咖啡色系，將文案寫成比較具有文學氣息的風格，藉以凸顯照片的氛圍。

文案撰寫方式為臨摹李欣頻書中的案例，再依照教育部的宣導主題進行改寫，此組系列稿最終榮獲當年度金犢獎文案對白類的金獎，下段詳細說明文案轉化的細節。

第一步先尋找書中適合的文案，其中台北文學獎的宣傳文案，最適合此次攝影畫面的轉化，內容描寫西元 1999 文學復活紀，部分內文如下：

「老人在捷運上寫鄉愁。上班族用薪資單寫冷暖。總機在辦公室寫戀情。會計用財務報表寫興衰。醫生在 X 光片上寫生死。電腦工程師用網路寫夢境。攤販在夜市寫生活。美食家用食譜寫逸樂。工人在鷹架上寫城市。郵差用地址寫流浪。沒有書桌前的文學，祇有柴米油鹽的文學，世紀末一九九九，文學全面復活，我們需要更多生活的新鮮切片，人的實況……。需要全民寫作，所以我們舉辦台北文學獎」

於是藉由此篇做為基本架構，轉化成三張教育部生命教育的系列稿，系列稿第一張是「一張悠閒的椅子」篇（圖 5-29），為了宣導生命教育的義意，文案採用具有文學味道的寫法，傳達出文學意境，內文如下：

「老闆都在統計股市的漲跌，同學都在推算分數的多寡，司機都在關注油價的起伏，姐妹都在監控體重的增減。我們被數字同化成憂慮，成千上萬的人潮，信仰、數字、金錢、符號，陽光和煦，影子被優雅的拉長，讓我們閒靜的坐著，聽彼此溫熱的心情，卸下繁重的壓力，這一刻，一起感受這氛圍。」

系列稿第二張「一碗樸實的麵條」篇（圖 5-30），文案基於連續性的原則，須依照「一張悠閒的椅子」篇的結構、字數與長度去撰寫。內文如下：

「眼睛在名牌專櫃裡遊蕩，耳朵在流行音樂裡跳舞，嘴巴在頂級餐廳裡運動，心臟在汲汲營營裡追趕。我們圍著物質生活打轉，所有感覺變的尖銳，提起精神，走向陽光，發現城市的角落，消失了鋼筋水泥的防衛，尋覓到當年母親熱呼呼的麵條，依舊井然有序的並列，簡單的事物，鬆綁緊繃的物慾精神，下一刻，一起分享這份幸福。」

系列稿第三張則是「一輛開心的單車」篇（圖 5-31），內文如下：

「老人在棋盤上觀光，小孩在電視前嬉鬧，女人在小說談戀愛，男人用網路打天下。我們所在孤單的喜怒裡，太陽底下永遠都有新鮮事，騎上輕便的單車，呼朋引伴，開始愉快的旅途，溫習簡單的幸福，在心靈荒蕪的時代中，交換彼此的愛，洗滌沉悶，下一刻，一起放聲歌舞。」

圖 5-29　金犢獎文案對白類金獎，系列一「一張悠閒的椅子」。

圖 5-30　金犢獎文案對白類金獎，系列二「一碗樸實的麵條」。

圖 5-31　金犢獎文案對白類金獎，系列三「一輛開心的單車」。（圖片提供：黃雅玲）

從這三篇系列稿文案可以看出，當參考有一定文字水平的文案，採用其架構進行轉化時，寫出來文案將大抵有相當的水準。表 5-2 可以看出文案在轉化前以及轉化後的差異，由此得知系列稿的字數與語句都會有一定的要求，如果憑空發想，會讓人完全不知道要怎麼開始，腦袋肯定一片空白，但若是能夠有好的文案做為參考依據，通常可以寫出很不錯的作品。

● 表 5-2　李欣頻原始文案以及經由轉化後的得獎文案。

原始文案	轉換後文案
上班族用薪資單寫冷暖。 總機在辦公室裡寫戀情。 會計用財務報表寫辛酸。 醫生在 X 光片上寫生死。	老闆都在統計股市的漲跌， 同學都在推算分數的多寡， 司機都在關注油價的起伏， 姊妹都在監控體重的增減。

5-4 廣告文案呈現的七種方式

廣告文案呈現方式很多元，不同書籍歸納的方式也都不盡相同，為了能讓讀者在撰寫文案時有所依歸，以下將針對市場上，比較常用且有特色的七種文案類型，輔以得獎的範例加以說明。

一、 對比式

在心理學上，可以藉「由小至大」及「由大至小」的圖像產生出視覺的對比之外，其實運用文字的描寫亦可讓觀者感受到字面上所描繪的差異性，進而去引導想像空間。運用文字內容去描繪色彩、質地、甚至是物種等類別，加以比較產生出來的差異感，可說是對比原則主要的運作方式。文案的撰寫可藉由對比方式，將兩個看似一樣但又不盡相同的東西，經由對比的概念強化所描寫的事物，從而產生出強烈的心理感受，並藉以吸引受眾的注意力。

1969 年阿姆斯壯登陸月球所講出的世界名言：「這是一個人的一小步，卻是人類的一大步。」（That's one small step for man, one giant leap for mankind.）

這句話正是運用了文字對比的概念，也就是小與大的對比。另一個 90 年代曾經火紅一時的腕錶精神標語：「**不在乎天長地久，只在乎曾經擁有。**」一方長長久久，另一方只擁有一時，呈現對比持久跟短暫愛情的意涵。法國浪漫主義文學的代表人物雨果，其社會寫實小說《悲慘世界》中寫到：「世界上最寬闊的是海洋，比海洋更寬闊的是天空，比天空更寬闊的是人的心靈。」（There is one spectacle grander than the sea, that is the sky;there is one spectacle grander than the sky, that is the interior of the soul.）雨果採用一層層的對比方式，天空比海洋大，心靈比海洋更大，一個比一個更大的階級式對比，讓讀者產生不同的感受，與「一山還比一山高」的概念一樣。

圖 5-32 是時報金犢獎文案對白類的金獎，主題是國際愛護動物基金會的「寵物伴侶」計畫，畫面第一印象是貓跟狗幾乎呈現分散瓦解的狀態，剛看到會不清楚想要表達什麼，就必須依靠文案解釋畫面，主標題運用「**一半的我，仰賴另一半的你**」，綜合涵意是寵物伴侶若是沒有人類的照顧，從此將會煙消雲散。

其中的犬篇，內文為「**頂著忠誠的名譽，被趕出了家門，沿街乞討，半塊肉，填飽了半個我，卻少了一個曾經誓言要伴著我共度一生的你。切勿做個無心主人，讓我的形體從此灰飛煙滅，請珍惜陪伴你身邊的伴侶動物。**」人與狗之間若是沒有互相扶持，人還在寵物就消失了，點出存在與消失的對比。

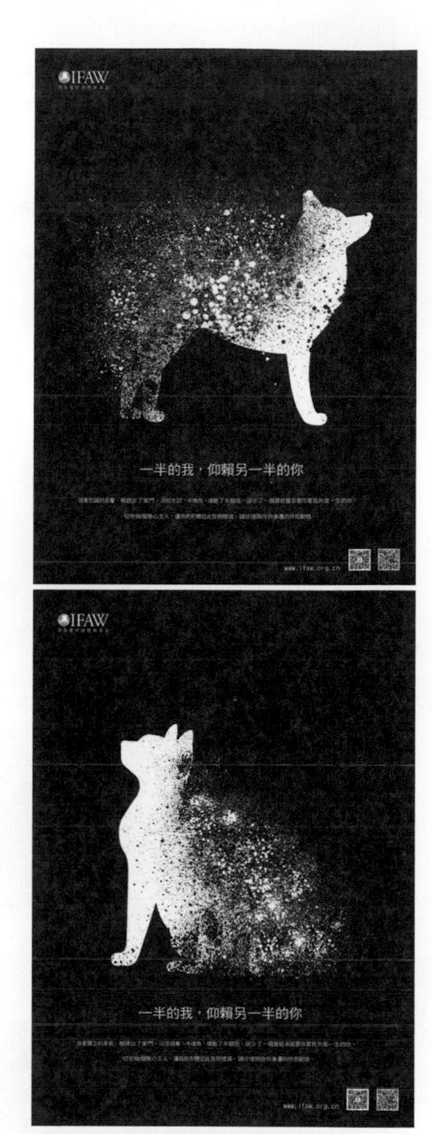

● 圖 5-32　寵物伴侶廣告，金犢獎文案對白類的金獎系列作品。（圖片提供：潘利穎）

圖 5-33 是獲得金像獎年度最佳影片的廣告，藉由男性與女性生理的構造不同，以及性別對比的視覺表現，讓男人知道，女性在運動時胸部大小是會有不同程度負擔的。由男人在胸前戴著不同的半圓容器，並裝著重量不等的動物，A Cup 約為兩隻鸚鵡的重量，B Cup 是兩隻豚鼠，C Cup 是兩隻針鼠，D Cup 是兩隻兔子，E Cup 是兩隻雞。隨著動物越來越大，畫面運用動物重量不同，對比出 A 到 E 罩杯的重量差異，這就像前述雨果所使用一層層的對比方式，且用男性來對比女性，更能讓觀者有感。畫面最後帶到產品為專業運動內衣，讓女性運動時沒有負擔。

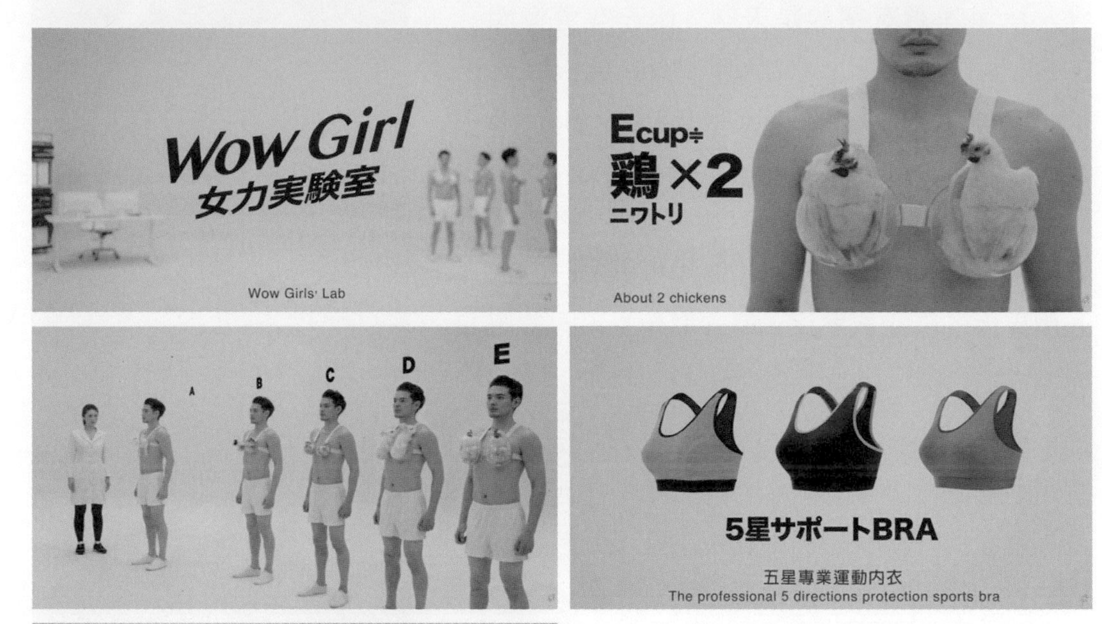

● 圖 5-33　華歌爾專業運動內衣廣告，藉由男性胸部戴著半圓容器，裝著不同重量的動物做激烈運動，表現女性運動時的不便，最後再強調產品的方便性。（影片提供：時報廣告獎執行委員會）

華歌爾專業運動內衣廣告

二、文字表現式

「文字表現」類型按字面上的意思，是指將文字直接呈現在畫面上，也就是只用文字作為主視覺。一般人可能會覺得「若只用文字排版，在視覺上會不會過於單調？」其實文字排版還有許多不同的應用方式。

● 圖 5-34　電腦字與手寫字在視覺感受上會差異很大，左邊為金犢獎銀獎作品，右邊為電腦字示範作品。（圖片提供：王思婷）

從圖 5-34 文字的視覺表現方式可以看出，電腦字體跟手寫字體，在視覺表現上會有很大的心理感受落差。廣告畫面若是採用插畫或是普普風格，或是有意境的視覺畫面，較建議使用手寫字體，畢竟電腦字體無法像手寫字表現出氣韻生動的感覺。圖 5-35 完全是以文字的描述，並藉由手寫的字體來增加畫面的吸引力，尤其是它的精神標語「多節約，少浪費」就直接呼應了畫面上的訴求。

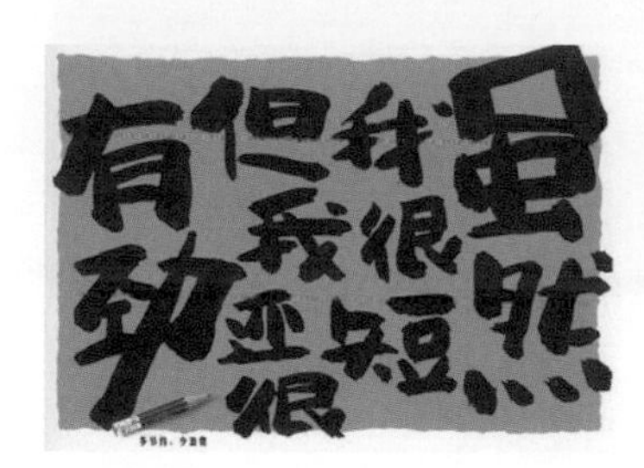

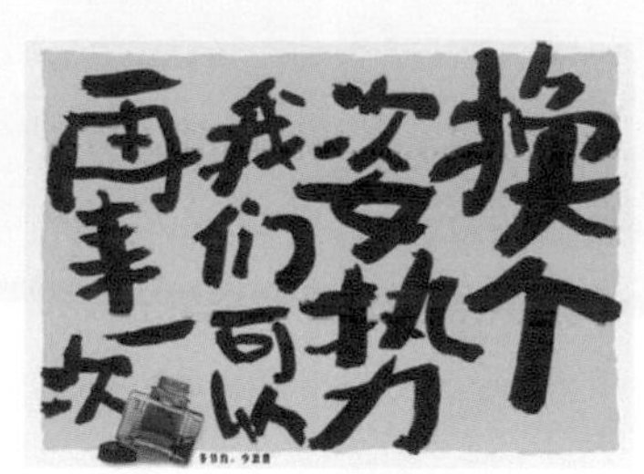

● 圖 5-35　多節約、少浪費宣傳廣告，運用文字的書寫方式，將文字轉化為圖形，強而有力的文字再加上手寫字體，此種方式非常吸引讀者的注意。（圖片提供：時報廣告獎執行委員會）

圖 5-36 為公益廣告，這組系列稿可說是典型的文字表現範例，畫面的上半部與下半部的文字，其實是一模一樣的，但因為排列方式不一樣，造成文字含義差之千里。經由不同的排列順序竟然可以產生出不一樣的涵義，表達出原來當我們用不同角度去看同一個人的時候，會得到迥然不同的印象。

同樣的方式運用在電視廣告上，畫面中許多人手上都拿著牌子，並且用上下階梯走動的方式，在文字完全相同的情境下，經由走動重新排列文字的順序，整段內容就完全不一樣（圖 5-37）。這也正符合創意的概念，需要由不同面向去發想。

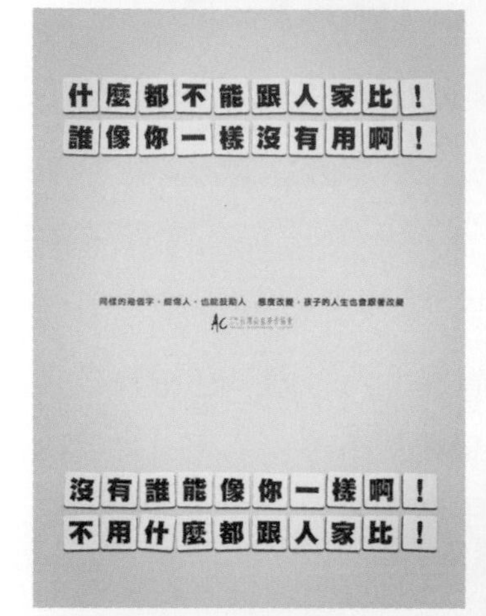

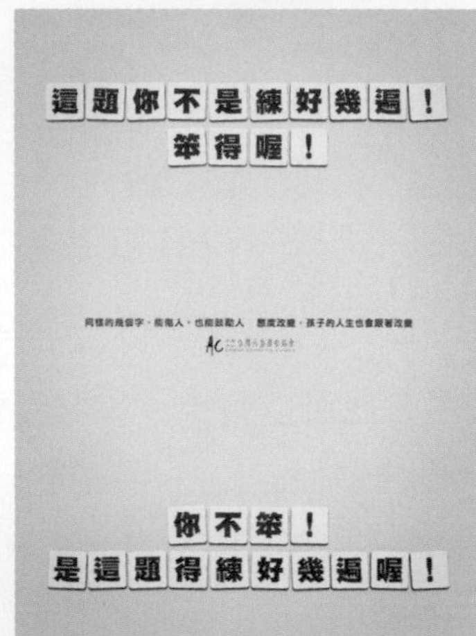

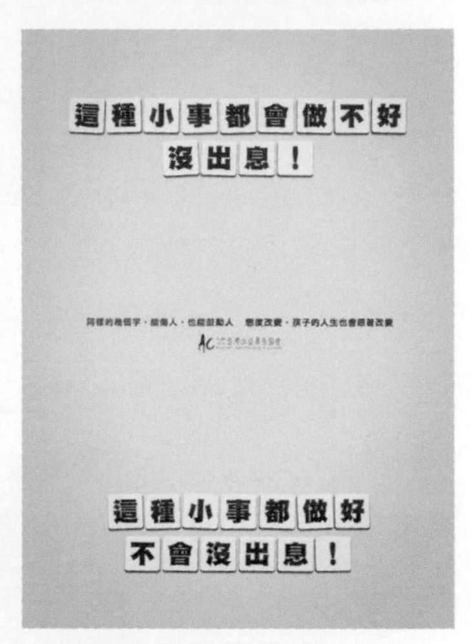

● 圖 5-36　公益廣告系列，是畫面文字化的經典範例，兩種文案經由編排產生不同的涵義。（圖片提供：時報廣告獎執行委員會）

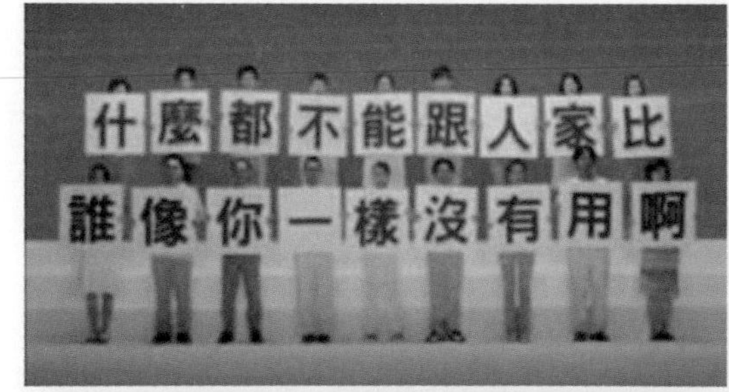

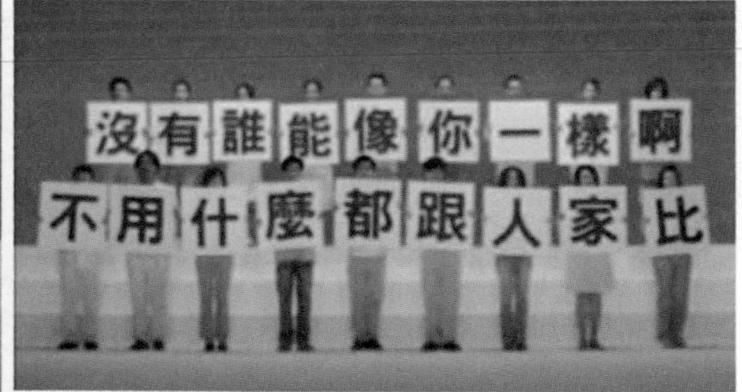

不用什麼都跟人家比廣告

● 圖 5-37　公益電視廣告，經由走動重新排列文字的順序。

三、說故事式

在台灣廣告行銷業越來越重視說故事，動人的故事更容易在受眾心中占有一席之地。講故事必須能夠感動人心，需要很清楚的讓人理解故事中的因果關係。感動人的元素通常來自你我身邊常發生的事情，周遭的元素容易與受眾本身的經歷相呼應，進而產生出共鳴。

由於現在網路發達，許多廣告的長度也有所改變，近期以 60 秒短影片廣告較多，微電影則時長約 15 秒到 45 分鐘左右不等，不像以前電視媒體的廣告，播放的單位是以每 15 秒為一個基準的方式來計算。時間長度的變化使得廣告在創意的呈現上更具彈性。

無論是否有秒數限制，都必須先構思劇本，如何講出有邏輯且讓人有感的故事？讓故事呈現出抑揚頓挫的節奏格外重要。講到說故事的廣告，就不得不提到由 ADK 團隊為統一麵所製作的「小時光麵館」，這支廣告在短短一年半的時間，就拿了 102 座的廣告獎項，更獲得了素有「廣告奧斯卡獎」的坎城國際創意節，第 63 屆的娛樂獎類別金獅獎。

統一肉燥麵可說是許多人從小到大的回憶，在台灣已經快要 50 年的歷史了，如何藉由廣告讓老品牌進行再造，吸引年輕一輩的目光，其實非常不容易。畢竟老品牌想要轉型，既要跳脫傳統廣告的概念，又不能轉換太快，不能因為想要貼近年輕人，反而喪失了原本消費者的認知，這在廣告內容的拿捏上就更顯重要。

統一肉燥麵以前的廣告方式，大都是以幽默有趣的內容為主，但是這一系列廣告則採取「用料理說故事」的概念，藉由一碗麵來講述不同的人各自獨特的生活經歷。這系列廣告從 2015 年第一支上線，到 2021 年已經吸引超過兩千萬的觀看次數，故事橫跨了各年齡層與不同行業，所運用的策略是「用心情調味」（圖 5-38）。廣告內容呈現了親情、愛情與友情，用故事調味，料理出充滿人生百味的肉燥麵，跳脫傳統的表現方式。廣告人物彼此之間偶然地互相認識，反映出傳統鄰里間的人情味。

一個感動人的故事情節，可以讓受眾經由彼此所擁有的共同經歷與回憶，進而產生出情感投射，最後與產品產生對接。

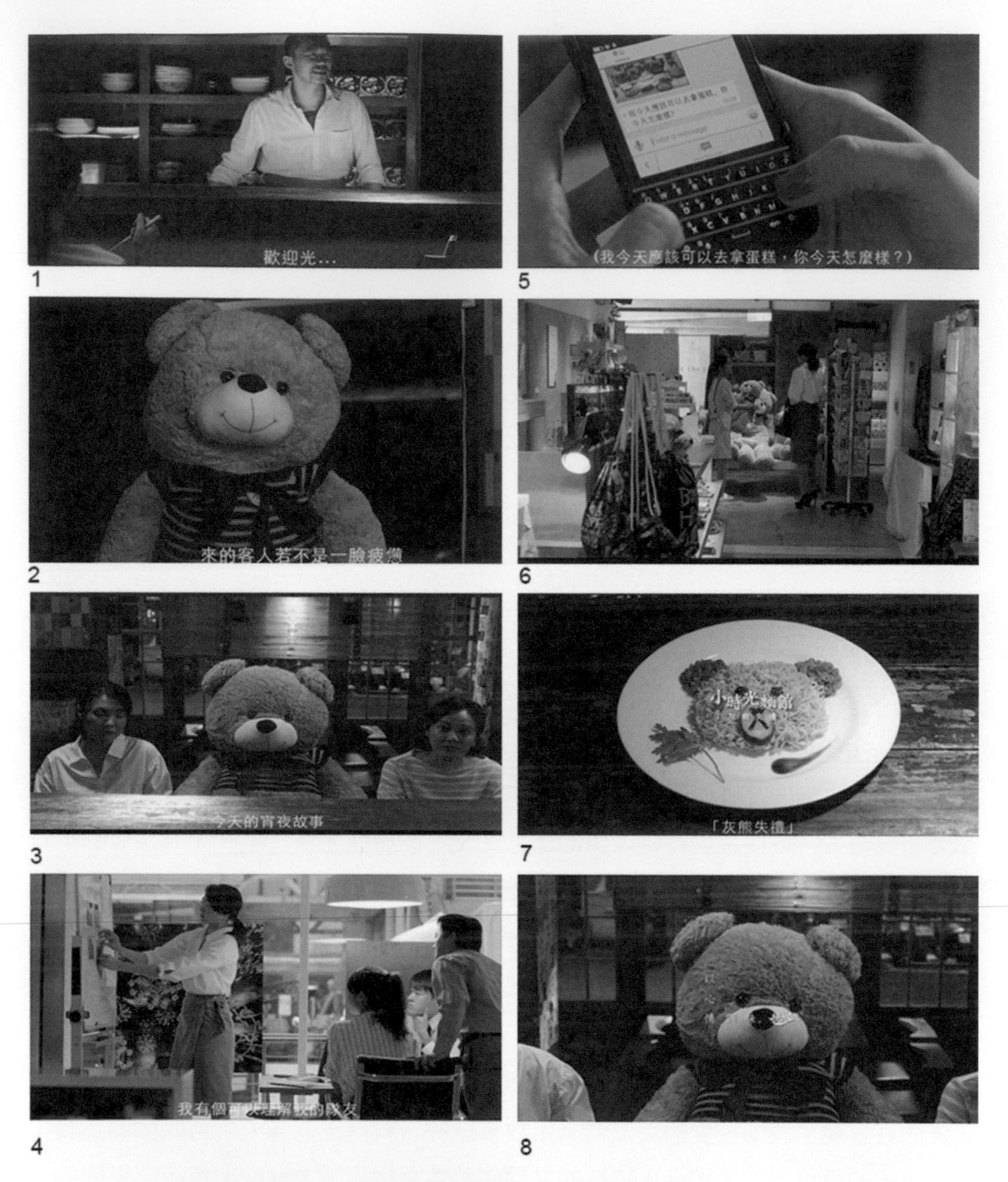

● 圖 5-38　小時光麵館系列廣告之灰熊失禮篇，這支廣告在詮釋忙碌的上班族婦女，要如何在家庭與事業上取得一個平衡點？許多的突發狀況讓原先準備給女兒的生日禮物，沒有辦法準時在生日當天送上。這個故事讓許多職業婦女很有感觸，畢竟家庭與事業蠟燭兩頭燒的狀態，確實是許多職業婦女的生活寫照，讓目標對象看完後產生很強烈的情感連接。（影片提供：時報廣告獎執行委員會）

小時光麵館廣告

早期統一肉燥麵的年代，是陪伴著許多五、六年級生一起生活的歲月記憶，此系列廣告用 5 分鐘以上的微電影形式，突破一般泡麵的廣告，除了更貼近年輕人之外，也可以拉回五、六年級生的印象回憶。其行銷企劃陸續製作了創意料理教學網站以及廣告原聲帶，以此來加強受眾的黏著度；後來還開了超商的店中店，複製出與廣告相同的店面（圖 5-39），讓消費者有機會到現場親身感受廣告中的故事，又再次地引爆了討論熱潮。

第一季共推出了五支廣告，之後第二季又推出了五支廣告。它能獲得如此強大的成功，最主要的是跳脫了傳統的廣告方式，告訴我們在做創意發想時，不要局限在過去的想像思維，不要只單純做電視廣告或是平面廣告而已，反而可更多元思考日後的延續性與話題性。

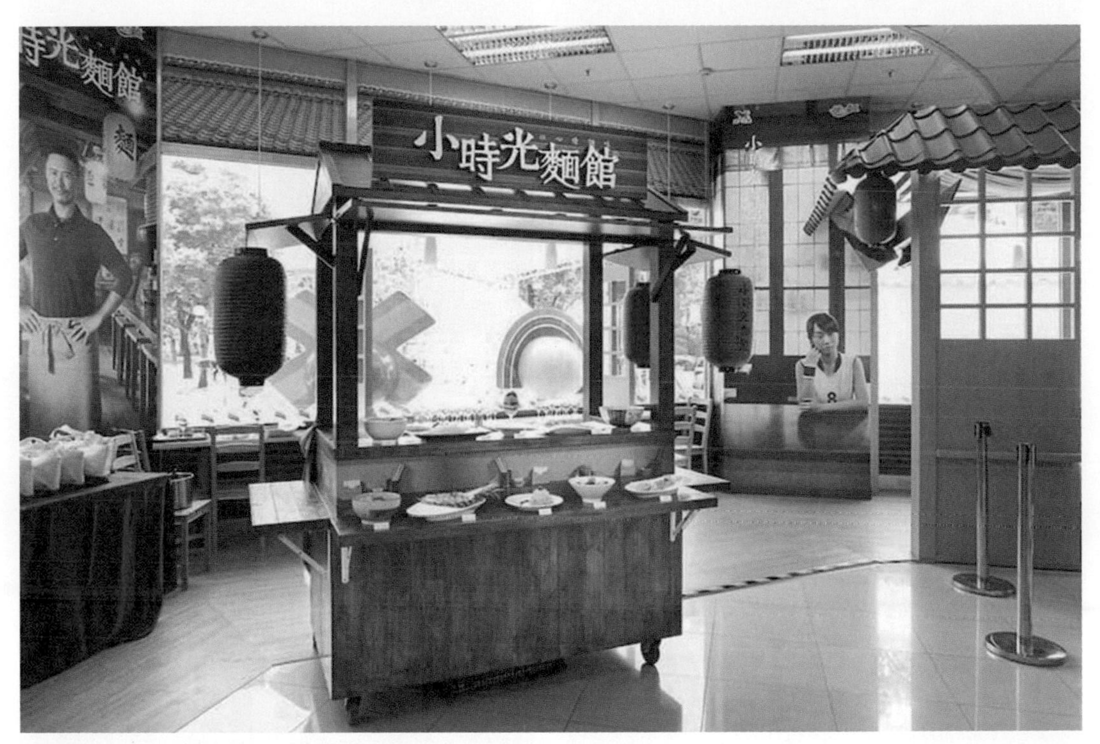

● 圖 5-39　小時光麵館超商的店中店。

圖 5-40 大亞電信電纜 - 穩定的力量〈日常篇〉廣告，其整個概念是運用基層老百姓的日常生活，用很生活化的語言來描述一般小市民過生活時的腳踏實地，並用國台語雙聲帶讓不同的族群更有感受。這支影片用情感故事去強調，每個家庭的日常生活都需要電源的照亮才能進行，而這股穩定的力量，就來自於大亞電信電纜。

● 圖 5-40　大亞電信電纜 - 穩定的力量〈日常篇〉，說出老百姓腳踏實地的日常生活，反映穩定的力量就來自於大亞電信電纜。（影片提供：時報廣告獎執行委員會）

穩定的力量
〈日常篇〉廣告

再來則是圖 5-41，新竹商業銀行的人物故事，廣告稿用故事插畫的方式來描述，無論是戎馬一身的將軍身分，或是平凡阿嬤的樸實家居生活，皆是運用很平實的語言來講述歲月所累積的動人故事，最後再連接到產品的理財概念，讓觀看的人可以產生出與產品之間的聯接。

● 圖 5-41　新竹商業銀行用插畫方式來描述動人故事，再連接理財概念，讓觀看的人產生與產品之間的聯接。（圖片提供：時報廣告獎執行委員會）

四、科學驗證式

科學驗證式是使用客觀事實撰寫文案，主要是提供各種數據和證據，以理性分析證明商品的優點，像是產品的來源處、大數據等，容易讓受眾對產品有信賴感。

有些產品採用使用者實測的方式，以使用過後的改善程度來吸引受眾，稱為證言式廣告。像瘦身產品或是健康食品，大都是藉由使用心得來敘述產品的有效性。運用時要非常小心數據與使用效果，若是描述過頭，反而會造成受眾的不信任感。這也是在媒體上看到此類產品常與消費者產生糾紛的原因，畢竟此種方式講求的是科學數據，呈現真實性的方法要拿捏準確，才能獲得消費者的信任。

圖 5-42 為台塑抗 UV 洗衣粉廣告，主標題寫著「陰天的光最陰險」，內文「陰天 4 小時的紫外線殺傷力，等於在陽光下曝曬 2 小時」，由數字直接說明紫外線的傷害很恐怖，並強調產品能「讓衣服的紫外線防禦力提高近 2 倍」。其文案概念是先提傷害的程度，讓看的人先有感，再以產品可以幫你解決問題來回答，此種邏輯就會有說服力。

● 圖 5-42　台塑抗 UV 洗衣粉廣告，用數據表示產品能有效抵擋紫外線。

圖 5-43 落健生髮系列〈家族的秘密〉廣告，以男性因家族性遺傳而落髮為主題，透過落健所做的科學實驗來證實，此產品對單純落髮不只有幫助，就算原因是無法避免的家族遺傳也有效果，訴求每 5 個人就有 4 個人有效，這 80% 的有效程度，讓消費者相信只要使用落健，就可以減緩落髮。

這個能促進生髮的真實數據效果呈現，也是落健生髮產品能在市場上屹立不搖的原因，因此運用科學數據來說服消費者是很直接且有效的。

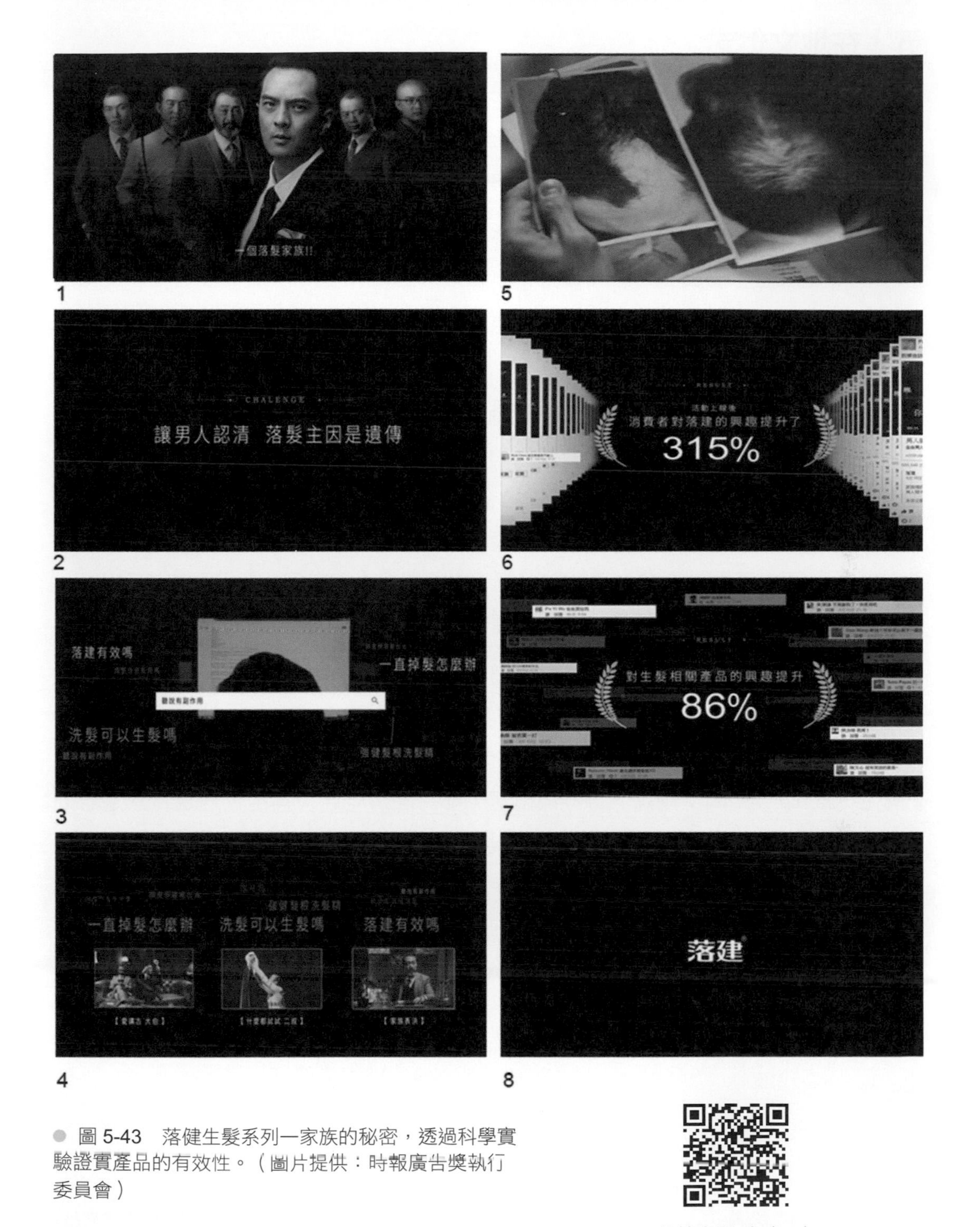

● 圖 5-43　落健生髮系列一家族的秘密，透過科學實驗證實產品的有效性。（圖片提供：時報廣告獎執行委員會）

落健生髮系列一家族的秘密廣告

五、在地文化式

如果出國想要了解當地的文化，廣告可以說是最快入手的方式。許多業主為了吸引當地的受眾，需要深入研究當地文化，了解生活特性跟習俗禁忌，適時調整策略和訴求，才能打造出本地化的廣告，運用文化的角度讓受眾產生共鳴。

廣告背後除了本身故事之外，還隱藏著某種文化的意涵，可以說是把文化融合的一種傳播媒體，而廣告本身其實就是一種經濟的運作，所以說廣告是一種文化習俗以及社會價值觀思維的綜合表現。廣告不只是運用促銷手法販賣產品賺取利潤，更是宣傳自己國家文化的最佳武器。

廣告與文化之間有著非常強大的互動關係，往往能藉由畫面文字訴說社會價值觀與生活型態。與自身文化有所關連的內容，比較容易引起受眾的共鳴。下一頁圖 5-44 中國時報廣告，運用在地事物描繪台灣數十年的生活狀態，原來我們身邊竟然有這麼多跨領域的行業，卻又將不同產品融合得如此和諧。例如將臭豆腐與蚵仔麵線，兩種源自不同地區的食物放在一起，主標題寫「沒有口水戰，只有流口水」，副標題是「臭豆腐與蚵仔麵線如此合作著」，內文「兩個名字，比鄰坐在攤販招牌上；沒有一點點相似之處，卻被人理所當然的視為一對」。由於同屬於台灣文化而融合在一個攤位，一點也不感違和。

系列稿另一張主標題為「一家老店，兩塊招牌」，副標題則是「差異卻不對立的配鎖和刻印」，內文則是「每一條街上，都有高齡老店，其中，一定有家是老刻印店，也是老配鎖店」，從我們有記憶以來兩者搭配天經地義，且持續至今日。最後在文末點出廣告主旨，思考如何以合作永續生命力，來做整個廣告文案的終結。這系列稿為台灣在地生活經驗下了很棒的註解，文案不但將產品的特質表露無遺，也賦予觀眾深刻的反思。

● 圖 5-44　中國時報 55 周年社慶廣告，用在地的事物來敘述身邊的生活經驗，文案運用不但有趣，更賦予很深的教育意義。（圖片提供：時報廣告獎執行委員會）

中國時報55週年社慶

『沒有口水戰，只有流口水。』

——臭豆腐與蚵仔麵線如此合作著——

兩個名字，比鄰坐在攤販招牌上；沒有一點點相似之處，卻被人理所當然視為一對。「泡菜多一點，辣多一點…」「不要大腸、也不要香菜…」不須指名道姓，你我就能各取所需。久而久之，也許是被他們的默契影響，老闆和人客們也養成一種習慣：交換眼神，就交易完成。臭豆腐和蚵仔麵線的合作關係，從純樸的過去，持續至處處競爭、時時對立的今天，即使空氣中，佈滿殺勁與叫囂的煙嗆味，也污染不了穿戴在他們身上的蒜泥香…，一股和平、合作的傳統氣味，從這座小小的島嶼，飄往更遠大的未來。

思考如何以合作永續生命力
時報與廣告合作五十五週年慶

中國時報55週年社慶

『一家老店，兩塊招牌。』

——差異卻不對立的配鎖和刻印——

每一條街上，都有高齡老店。其中，一定有間是老刻印店，也是老配鎖店。有趣的是，這個沒被時代淘汰的老店，畢生功夫都花在—證明別人。一個證明你本人的身分，一個證明你是家的主人。就這樣，刻印和配鎖的合作關係，從我們有記憶開始，一直持續到今天；持續到這個每一個陣營、每一個人，甚至每一張嘴，都賣力證明自己對，別人錯的時代。刻印和配鎖，仍然安安靜靜，在小空間裡相互砥礪，真誠對談；繼續容納差異，繼續為我們證明一項歷經時間證明，值得延續的傳統美德：忘掉自己，成就別人。

思考如何以合作永續生命力
時報與廣告合作五十五週年慶

圖 5-45 時報廣告金像獎的得獎影片「金色三麥——小辦桌篇」，也應用許多台灣文化元素。業主金色三麥是啤酒品牌，其以台灣人喝啤酒吃炸雞、吃飯配手搖飲的生活習慣為出發點，尋找全台與超商比鄰的 100 家鹽酥雞攤進行策略聯盟，目的是讓受眾在鹽酥雞攤買完炸物後，可直接到隔壁的超商買啤酒喝。這是一個非常成功運用在地文化，加上異業結盟概念的廣告。

● 圖 5-45　金色三麥一小辦桌篇，運用台灣在地小吃與人情味，讓消費者直接感受到濃濃在地文化，並藉由鹽酥雞與啤酒之間的互搭性，讓消費者更有感。（影片提供：時報廣告獎執行委員會）

金色三麥一
小辦桌篇廣告

六、意識形態式

意識形態廣告在台灣 90 年代曾經盛極一時，開喜烏龍茶、司迪麥口香糖以及中興百貨等品牌廣告，都是此類意識形態廣告中的翹楚。此類廣告往往不會出現商品，而在描述一種態度與高度，用社會現象或生活問題傳遞訊息，運用語言畫面，讓一些平常被大眾忽略的議題得以被發掘，並且深入探究人類的心理意識，希望受眾能認同廣告對事情的看法，藉由彼此的共同認知，提高商品在市場上的價值。

意識形態廣告的文案與畫面，兩者間有時會產生衝突，文案並不解釋畫面，且畫面也不一定用來演繹文字；正是因為此種特性，卻能帶給受眾在視覺與心理層面上的強大衝突感，進而將品牌個性、價值觀甚至是社會議題，透過廣告畫面傳遞到受眾心中。圖 5-46 為司迪麥口香糖經典意識型態廣告，特色是不著重凸顯產品，而是去探討社會問題，是一個勇於衝撞社會體制的品牌。

司迪麥口香糖廣告

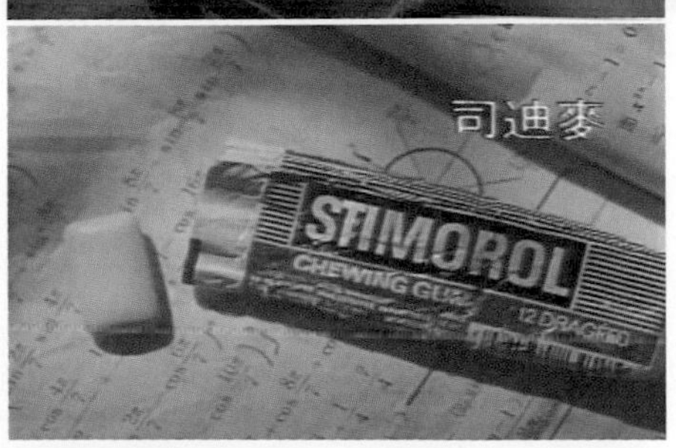

● 圖 5-46　司迪麥口香糖廣告，用鴨子比喻進補習班的學生，目的是控訴填鴨式教育。

另一個中興百貨的廣告（圖 5-47），可說是業界學習的品牌表現典範。當時中興百貨的目標對象，鎖定在 25 歲到 40 歲的中高端消費者，尤其是以知識女性為主，此階層受眾重視個人化與時尚感，當年中興百貨被定位為「現代時尚，且有文化素養」的百貨行業指標。

● 圖 5-47　中興百貨春裝廣告，其後現代風格的廣告形式屢屢獲獎，更進入了教科書，被封為「經典中的經典」。（圖片提供：時報廣告獎執行委員會）

中興百貨廣告文案撰寫者是知名廣告人許舜英，其寫法獨樹一格，從內文中可以得知春裝要上市了，圖文訴求表達對冬天的牴觸，寫出「我對皮草得了厭食症、我對暖暖包和石狩鍋得了厭食症、我對冬天得了厭食症」，並且搭配視覺畫面，將過季的商品全部吐出來，已經迫不及待的要換上最新春裝。此種運用社會文化帶入到文案，而不直接賣商品的方式，是意識形態廣告常用的手法。

當時為上述兩個廣告操刀的意識形態廣告公司，許多作品還變成了教科書的範例，影響著後來廣告人的創作美學。這類廣告曾經在電視上不斷播出，大受歡迎，後來有許多新進品牌也想複製此方式來譁眾取寵，但只呈現出詭異的視覺畫面，缺乏深刻的內容，導致此類廣告也就慢慢的式微了。

許舜英近幾年與大陸的海瀾之家合作（圖 5-48），再次復活意識形態廣告。海瀾之家經由許舜英重新設定，用其獨特的美學眼光，將「男人的衣櫃」這句精神標語，運用後現代主義的畫面，重新解構男性時尚品牌。此次操作帶給海瀾之家很不一樣的產品質感與品牌形象。

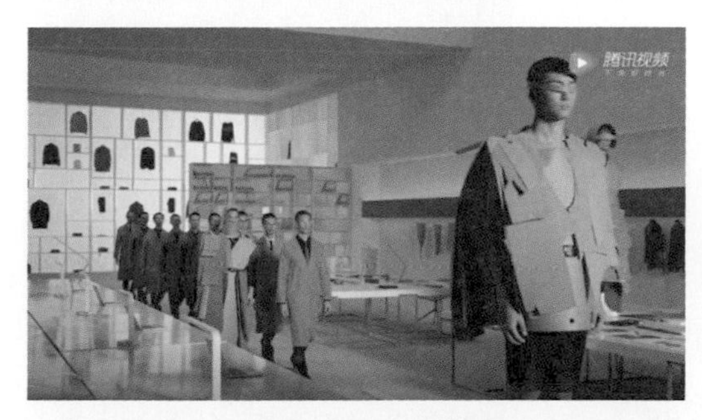

● 圖 5-48　許舜英操刀的海瀾之家廣告，採用意識形態形式，引起不小的迴響。

海瀾之家廣告

七、反諷式

「反諷」兩字若單從字面上去解釋，可說是在講反話，將視覺內容藉由文案去作反面的解釋，就像經典的英式幽默就擅長用自嘲、挖苦來表達各式議題一樣，廣告也能運用有諷刺意味的文案，搭配相反畫面來表現衝突，例如正向的畫面但文案卻是負向的，反之亦然，一樣必須通過文案內容，表達出創作者真正想要傳遞的理念。

● 圖 5-49 反皮草公益廣告，藉由剝掉皮毛的兔子屍體，表達皮草另一半的真相，強調不要用動物皮毛來彰顯虛假的高貴。（圖片出處：亞洲善待動物組織 PETA）

圖 5-49 是影星 Maggie Q 為國際動保組織所拍攝的反皮草公益廣告，想傳達的理念是「不要再用動物的皮毛來做衣服」。畫面中 Maggie Q 身穿黑色低領緊身衣，卻披著被剝掉皮毛的兔子屍體，屍體上布滿著血，但前爪卻仍殘留一撮兔毛，看著讓人觸目驚心，主標題寫著「這就是皮草的另一半」。此廣告運用反諷的方式，表達若只是擁有美麗的外貌，卻沒有一顆善良的心來搭配，那就不是真正的美麗。

公益類的廣告很常使用反諷式的文案，藉由諷刺的對比效果，來做善意的勸導，讓人產生同理心。圖 5-50 為地球暖化公益廣告，是金犢獎全場最大獎之作品，能看到戶外看板的光源強烈到連字都看不清，主標題卻寫「**請節約用電、請關燈救地球**」，諷刺使用者心口不合一，說的與做的完全是兩回事，搭配內文寫「**不要總是說的比做的多，拔掉插頭，讓地球喘口氣吧！**」回應主標題的反諷，請人們務必要真的做到節約用電，而不是說一套做一套。

● 圖 5-50 地球暖化公益廣告，金犢獎全場最大獎之作品，明明是要節約用電，光卻打的這麼亮，用反諷的語句提醒人類要節約用電。（圖片提供：游宗熚）

圖 5-51 為政令宣導廣告，運用知名的畫作加上詼諧的表現手法，呈現畫面與文字的衝突感，文案寫「為防止意外請勿上舞臺獻花」，畫面卻是被昆蟲叮咬留下的疤痕，表示此人因上檯獻花而發生意外。這些反諷概念的運用，目的在提醒觀眾看表演要有好的修養。

● 圖 5-51 政令宣導廣告，藉由畫面與文字的反諷性，提醒觀眾看表演要有好的修養。（圖片提供：時報廣告獎執行委員會）

圖像設計理論的實踐與應用——

用理論分析廣告

一般人在進行設計時往往只憑自己的直覺，或依靠著先天的美感，空有理想卻沒有事實依據，很難說服受眾。一個好的設計思考方式，往往肩負著闡述文化，且能通過設計本體的媒介理論與研究成果，透過科學理論與廣告設計的對話，讓創意可以從舊問題中尋找出新答案。為了讓設計內容以理服人，若是有理論歸納或是以相關數據在背後支撐的話，就更能得到市場青睞。

6-1 創意背後需有數據理論支撐

以原住民委員會的商標為例。1911 年台灣總督府番務課的英文報告，首次建立九族分類，即泰雅、布農、澤利先（魯凱）、漂馬（卑南）、阿美、賽夏、鄒、雅美、排灣等族。1935 年移川子之藏、宮本延人以及馬淵東一等三人，出版《台灣高砂族系統所屬の研究》，分原住民為九族，大致與 1911 年相同，這九族是日本官方認定的原住民，也是戰後官方認定的九族。即泰雅、布農、魯凱、卑南、阿美、賽夏、鄒、雅美（達悟）、排灣等族（溫振華，2007），時至今日已經由九族變為十六族了。如果針對原住民委員會在 1996 年成立的時間去做商標提案，並讓此案順利通過，那麼所構思的設計便要有所依據，才能說服評審委員和一般大眾。

	黑	白	紅	黃（橙）	綠	藍
泰雅族	●	●	●			
賽夏族	●	●	●			
布農族	●	●	●	●		●
鄒族	●	●	●			
排灣族	●	●	●	●	●	
魯凱族	●	●	●	●	●	●
卑南族	●	●	●	●	●	
阿美族	●	●	●	●	●	
達悟族	●	●	●			

圖 6-1　台灣昔日九族原住民之色彩運用。（統計引自黃志彥，2001）

圖 6-1 為台灣九族原住民常用的色彩，其中九族都會使用的有黑色、白色與紅色，這表示選擇各族都能接受的顏色時，黑、白、紅三色必不可少。然後黃（橙）色居次，再來則是綠色與藍色。居次的三個色系就能設為輔助色，可以思考該縣市原住民的分布情形再決定配色為何。

● 圖 6-2　中華民國原住民委員會商標。

● 圖 6-3　台中市原住民事務委員會商標。

● 圖 6-4　高雄市原住民事務委員會商標。

從圖 6-2~6-4 公部門商標中，原住民委員會商標的主色系運用的就是黑、白、紅三個顏色，黃橙色與綠色為輔助色系；而台中市原住民事務委員會及高雄市原住民事務委員會的商標用色亦然。從以上實際案例中即可以發現，統計並分析數據在真實的商標應用上，起了很大的作用。

圖 6-5 IKEA 動森型錄也是透過數據調查，成功讓消費者改變。2021 年 IKEA 為了響應環保減少紙本型錄的印刷量，但要讓原來的消費者從拿紙本型錄的習慣，轉為使用數位型錄，此種轉移對業主來說會有困難度。奧美廣告經由數據調查後發現《動物森友會》的玩家們，是對居家佈置有著極度熱情的一群愛好者，與 IKEA 原本的消費族群有著極高重疊率。

● 圖 6-5　IKEA 2021 動森型錄。（圖片來源：IKEA）

有了調查的數據支撐，就很容易與業主溝通，奧美於是設計了「2021 IKEA 動森型錄」，動員對佈置有熱情的玩家們，將實體佈置轉為動森版，一起製成型錄，最後從中選出年度最佳佈置照片。這種互動方式成果驚人，活動發布 24 小時內竟有 140 萬人次的點閱率，臉書單篇貼文觸及率也達到 300 多萬，更有超過 30 個國家媒體進行相關的報導，是一次經由數據調查成功進行異業合作的案例。

從這些商標範例，以及設計作品中所呈現的訊息即可明瞭，不論是發想創意、圖像或顏色的使用，若是能運用學理以及數據來解說創作理念，就更容易被業主與受眾所接受。

6-2 圖像與廣告之間的關係

在人類文化的演變史中，圖像對於人們的生活一直是個不可或缺的重要角色，圖像的形成，除了可將社會上所發生的種種訊息，藉由圖像傳遞給普羅大眾，讓觀看者迅速的解讀所發生的各項資訊外，更可藉由圖像所蘊藏的涵義，了解當地風土民情、反映各種社會議題及各個階層的心理訴求等，這些都是圖像設計所要研究的一環。

在廣告的領域中，由於消費者能接收訊息的時間很短，因此必須在最短的時間內讓消費者理解廣告中的商業訊息，此點在廣告傳遞的過程中是極其重要的。所以希望能藉由圖像來吸引消費者的注意並刺激購買慾，同時也養成消費者用眼睛來做視覺圖像思考的習慣。

圖像中的視覺表現，會對人腦的記憶有著直接性的影響，因此一個好的廣告設計，必須要有適當的圖像與文字來做處理和搭配。要將完整的廣告訊息傳達給消費者的話，須先理解原因，並藉此整合來自不同層面的思考空間。

Messaris（1997）和 Ashcraft （1993）皆指出「**圖像比純粹的語文表達更容易被讀者所記憶，而廣告的效果即在促使讀者能持續記憶。**」Mirzoeff（1998）建議，設計師在設計圖像方面，必須加以考量圖像如何與使用者溝通，因為圖像的大小對視覺的捕捉是具有優勢的。

Lewler（1995）則認為「**視覺設計是透過圖像去傳達創作的意圖、訊息的意義，在觀看平面廣告時，超過 70% 的人注視在圖像上**」。視覺圖像不僅可生動的呈現訊息，更能抓住使用者注意力，且能確實增加記憶。美麗或受喜愛的圖像，會產生良好的廣告態度和產品態度（Biehal, Stephens & Curlo, 1992）。

圖像的注意力在廣告中的重要性，可以從圖 6-6 中的徵人廣告看出，視覺使用精緻的電腦合成技術，將手互握與人體環繞，形成不同角度的大腦圖像，廣告畫面非常吸引受眾的注意。

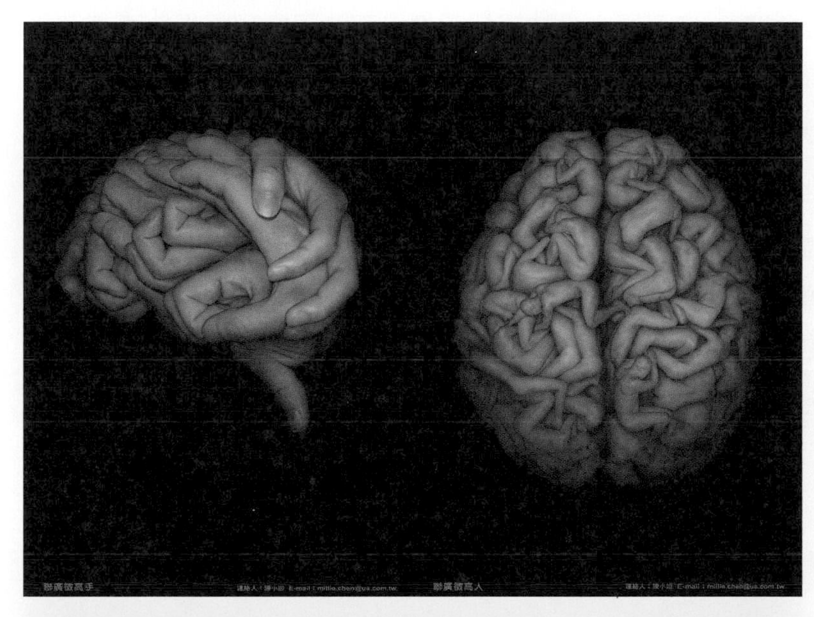

● 圖 6-6　聯廣公司徵人廣告，精緻的電腦合成影像吸引受眾目光，大腦圖像表達擁有強大的大腦創意力。

● 圖 6-7　公益廣告，放大的蜘蛛與蜜蜂的怪異畫面吸引人的注意，表達只有戴上保險套，才能避免你所不知道的危險。（圖片提供：時報廣告獎執行委員會）。

圖 6-7 公益廣告傳達的理念：「你永遠不會知道你遇上甚麼」，視覺是人類和巨大蜘蛛與蜜蜂交媾的場景，奇異的畫面讓視覺很快被吸引過去。因兩種動物都有毒性，讓人聯想到危險並產生警惕心，若要避開危險就需要戴保險套。從這兩組系列稿可看出，藉由強而有力的圖像，確實可如學者所論述的，產生很強的吸引力。

當企業或是產品在轉化成廣告創意時，其圖像設計一直存在著三大挑戰，首先是如何讓受眾第一眼就能透過該品牌的標誌，產生與企業或產品訴求相同的認知；其次是能夠在現今全球化的世界中，即使面對不同背景與文化圈的消費者，都可以理解廣告中所要表達的涵義，使不同文化的視覺圖像，不致因文化相異，而忽略了企業與產品的訊息；最後則是若企業與產品本身具有悠久的歷史傳承與背景，在圖像的使用上，如何讓現今的消費者能夠跨越歷史限制辨識圖像。

跨國企業開發不同國家市場的時候，也會因地制宜將該國文化融入企業的廣告中，以期更容易打入該國的市場。圖 6-8 為 FedEx 聯邦快遞廣告，這是間國際化的快遞公司，為打造華人地區專屬廣告，運用了大眾所熟悉的兵馬俑，增加華人對此企業的認同感。廣告內容表達貨物再多也能安全運送，像兵馬俑是易碎的材質，裝了這麼多也不怕碎掉，表現品牌的運送容量與安全性，非常符合該品牌想要傳達的理念。

ESPN 是美國的娛樂與體育節目頻道，在台灣稱為 ESPN 衛視體育台。圖 6-9 是其廣告畫面，從視覺圖像就可看出此頻道播放體育的內容，主標題寫著「不是硬漢不要來」。

● 圖 6-8　FedEx 聯邦快遞畫面有著濃烈的華人文化，廣告傳達裝的多且運送安全。

● 圖 6-9　超過 40 年的 ESPN 體育頻道廣告，強調只有運動強者在這裡。（圖片提供：時報廣告獎執行委員會）。

畫面中描述著不是強者，就沒有資格代表 ESPN 節目的專業性，所以只要不是強者就會像保麗龍一樣一折就斷，只有硬漢（好的體育內容）才能夠上得了 ESPN 節目。這個超過 40 年的體育頻道品牌，因為其圖像辨識非常清楚且專業，讓企業宗旨歷久而不衰。

6-3｜圖像學運用於廣告之理論論述及校正

一般廣告書籍大都會提供「如何從策略面開始發想，到最後完成視覺畫面」的內容，但卻少有運用理論的探討。觀看者看到視覺圖像之後，要如何判別創作者想要表達的內容是什麼？也就是說，大部分論述都是從企業端或設計端去分析視覺畫面，但一般受眾會先看到視覺圖像，才會去思考廣告背後想要傳達的理念。

由於企業或是產品之圖像部份，必須要進行多面向的考慮，方能完整地實現預期目的與呈現其圖像意涵的多元意義。而這也表示，當藉由廣告將營運形象對外宣傳時，就必須顧及受眾多方面的變因，以及對應多元的目標群。

一方由企業端與設計端解讀圖像，而圖像學理論，則是由觀看者的角度理解圖像概念，這兩種解讀方向是不同的。就像大家到藝廊或是博物館看畫展，會先從畫作所呈現的圖像，去剖析創作者想要表達的內涵，或是背後深刻的涵義。透過圖像學的理論角度，可以提供對圖像闡述另一層面的探討。由於一般受眾都是先看到廣告圖像之後，再去理解廣告中的所要傳達的內容，所以藉由圖像學的理論，反而會是先從視覺端，再去探討圖像背後的涵義與想傳遞的價值觀。希望藉由圖像學的探討，能提供一個不同面向的廣告圖像之解讀論述。

在探討廣告圖像方面的理論裡，運用符號學以及圖像相關理論的研究占大部分，運用圖像學所做的學術研究，大部分都偏重在藝術類別，比較少跟廣告領域相結合。研究廣告則另有廣告符號學這門學科，其有時亦結合了結構主義、敘事學等理論，藉此去分析廣告文本，與消費者情感體驗的心理結構等方向。

而有些廣告圖像理論，則是由視覺圖像論述再導入到廣告領域。正因為圖像在廣告中的重要性，若是能透過圖像學的學術論述，能給有興趣研究廣告圖像的業主、學者或是研究生，有另外一種不同方向的研究選擇，即是本章節之價值所在。

圖像學（Iconology）最早出現在十九世紀下半葉，法國學者埃米爾 ・ 馬萊（Émile Mâle）運用圖像學方法研究哥德式藝術。剛開始圖像學附屬在歷史學科下，當時也僅侷限在純文獻的研究探討而已，並沒有真正將其運用在實際的執行面上，此種情形一直延續到第一次世界大戰前夕。1912 年瓦爾堡（Warburg）在羅馬國際藝術史會議上，其中 20 分鐘演講首次提出圖像學，才讓圖像學成為一門重要的學科。而讓圖像學脱離輔助地位，則是多虧潘諾夫斯基 1939 年出版的《圖像學研究》（Studies in Iconology），奠定圖像學在藝術史研究的理論基礎。

在圖像學理論中，貢布里希（E. H. Gombrich，2000）與潘諾夫斯基（Panofsky，1997）這兩位圖像學大師對圖像的論述中，得出以下的兩個課題：

1. 如何透過適當的圖像設計，讓圖像成為一種如文字般的訊息載體，並運用表現手法將訊息準確地傳達給消費者。

2. 如何讓消費者面對圖像時會自然而然，且是自由詮釋與解讀之開放性現象。最後則是透過視覺呈現，才能將該圖像中所要傳達的歷史背景，與文化層面的意義與價值，具體而細微地透過圖像予以呈現、傳達。

廣告設計的視覺畫面呈現，藉由圖像理論中的沃夫林（Wölfflin，1950）與潘諾夫斯基（Panofsky，1972）等學者之圖像學論述，將視覺圖像的表現加以劃分。以下説明這兩位學者的圖像學理論：

一、沃夫林 Wölfflin 風格分析學派

瑞士藝術史專家 Wölfflin（1864~1945），其理論核心在於觀者對藝術品的視覺、觀看層面的探討，故而焦點多集中於形式（Form）的探討，至於，將人類視覺觀察作品外在形式歸納後產生的規律、現象等理論，Wölfflin 稱之為風格（Style），其學派通稱為：風格分析學派，也是藝術研究中針對形式研究的根本理論。

Wölfflin（1950）認為藝術無論以何種表現風格與技法，都可從作品的形式與內容加以理解，其將視覺表現分為五種形式：

1. 線性與繪畫性：運用的是線條、造形、明暗，質感等。

2. 平面與後退：運用的是透視、光線、顏色與構圖等。

3. 閉鎖與開放的形式：運用的是遠近距離、景色、畫面構圖等。

4. 多樣性與統合性：運用的是光線、彩色、局部與整體、題材等。

5. 清晰與模糊：運用的 是光線、陰影、顏色、遠近景色等。

大致而言 Wölfflin 風格理論的形式概念為明暗、色彩等外在的運用，在廣告圖像設計形式上也是隨處可見，例如視覺藝術中常運用的元素：光線、顏色、遠近距離、明暗，質感等。藉由對圖像形式的探討，不論是觀看者或是設計者，對於廣告圖像設計的外在形式的了解與運用能更有價值性，而且在任何觀看經驗中，必須先產生感知，才能進行後續的圖像認知與詮釋工作。

二、潘諾夫斯基 Panofsky 圖像學三層次理論

德國藝術史學者 Panofsky（1892~1968）是圖像理論研究的代表人物，其藝術理論從「形式」與「內容」的二元組合模式開始。著作《造型藝術的意義》所述：「形式這一因素沒有例外在每一件東西之上，因為，每件東西都包括了內容和形式兩部分；然而，有一件事是可以確定的：『理念』和『形式』的比重愈趨平衡，作品愈能更具說服力，並會顯現在其『內涵』（content）；舉例來說，一架紡織機，也許是擁有功能性理念的最有力證明，而一幅抽象畫，則也許是純粹形式最具表現的例子。不過，兩者都具備了起碼的內涵。」意指不論是藝術或設計圖像作品，都包含了最基本的形式與內容（圖 6-10）。

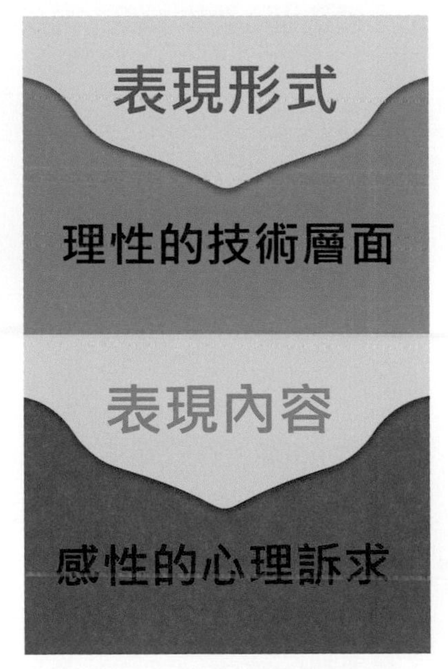

● 圖 6-10　廣告圖像的視覺表現。

由此可知，在廣告圖像的視覺表現方面，可分為表現形式與內容兩種層次，形式是理性的技術層面，而內容則是感性的心理訴求。廣告圖像必須兼顧形式與內容兩方面的表現，才能達到傳達訊息的效果。廣告圖像的設計，具有視覺的理性技術及心理的感性訴求，這些都會影響廣告圖像的形式與內容之整合，因此若是能讓形式與內容互為表裡，則更能吸引受眾。

Panofsky（1972）提出了著名的「圖像學三層次理論」，其中的第一層次乃根據 Wölfflin 的風格理論為基礎發展而來，他運用三層次理論研究藝術作品，論述如下（表 6-1）：

1. 第一層次（primary or natural subject matter）：眼睛可觀察到的元素（事物），是以設計元素的光線、顏色、形狀、表情、質感等，可辨識之外在形象和彼此之關係。
2. 第二層次（secondary or conventional subject matter）：元素（事物）之意象與寓意的層級，也就是將物種外在形象的既定認知，透過形象與形象的並置或融合在一起時，將其涵義相互結合。
3. 第三層次（intrinsic meaning or content）：圖像背後的深層精神或文化意涵，必須透過心靈來感受，其所賦予的深層涵義或社會價值觀。

● 表 6-1　圖像學三層次理論

層次	解釋對象	探討元素
第一層次：視覺層	圖像的形式	光線、顏色、形狀、表情、質感
第二層次：意象層	圖像的傳統	歷史意象、寓意
第三層次：策略層	圖像的內在	深層涵義、文化象徵

Panofsky 對於圖像學三層次理論之圖像內容與形式運用而言，正來自於「內容賦予」--「圖像設計」--「圖像傳達」--「觀眾認知」--「正確解讀」的整體結構性課題中的必然現象（圖 6-11）。圖像學理論原典中，Panofsky 提出兩個重要的課題與解讀、詮釋上存在的變因：一是原創者與認知、解讀者的背景與文化差異，二是所有的解讀、詮釋，乃是有機整體的運作，不能將之片面化或是將三個層次之解讀予以切斷、斷裂的。

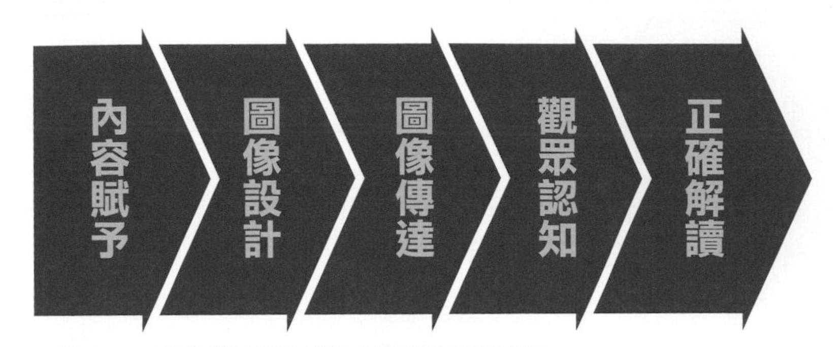

圖 6-11 圖像學三層次理論之運用結構順序圖。

由此理論回到廣告領域，將面臨到至少兩個變數的挑戰，一是企業端期望傳達給消費端之準確的訊息（圖像傳達）；另一個則是消費端在進行圖像辨認時，是否能正確無誤地進行解讀（正確解讀）。

就畫面構成的角度來說，實際上是由設計端與企業端的溝通與討論後，經過圖像設計、展現，將訊息完整且精確地傳遞給消費端，甚至能因為該圖像而被打動、產生認同，進而支持廣告圖像背後所蘊含的理念，從而提高在消費市場的普遍性認同，讓設計端、企業端與消費端這三方，彼此間能達到感官一致的目標。

6-4 廣告圖像三層次理論解析與應用

廣告是一門人與人、人與企業的訊息傳遞載體，必須讓受眾看到之後，有能力對廣告進行分析並理解，這樣才是令人有感的廣告，而不是讓消費者自行理解並去猜測，若是理解的結果與原本傳達的概念完全不同，很容易變為無效廣告。

以下藉由時報廣告金像獎的得獎樣本，詮釋 Panofsky 廣告圖像三層次之涵義。

廣告圖像第一層次「視覺層」：眼睛可觀察到的視覺元素

理論的第一層次，主要內容指：線條、色彩、明暗、材質所構成的圖像形式之外在表現，也就是「表現形式」部分，探討的是圖像視覺技術層面。圖 6-12 是第一層次的圖解畫面，其中圖 6-12-a「音符」是以滑鼠與線條呈現出音符形狀，正是透過與背景的形狀對比而成功的呈現，從理論上而言，若無 Wölfflin 理論之形式理論運用成功在先（即風格理論中的五大原則），則觀眾很難將圖像形式的具體構成順利解讀出「音符」。

又如圖 6-12-b，由藍色的海水與綠色的樹木構成，象徵海洋使人涼爽的外在形式表現，若無透過開放的構圖與空間感的塑造，將很難順利架構觀者之寬廣的海洋印象。再者，如圖 6-12-c 以微笑表情呈現外在的形象，若非透過明暗對比，順利凸顯微笑的表情，也很難使觀者在第一時間就掌握住「微笑的男子」的具體形象。

換言之，若一個廣告作品未能先將視覺中的形式原則（即藝術史理論的風格分析理論）運用成功，使觀者能於第一時間即順利掌握 Panofsky 圖像理論研究，第一層次的「圖像形式之外在表現」將會十分困難。遑論廣告創意者還要將圖像內容中的第二層次、第三層次，想要表達之心理層面訴求的意義與寓意，能順利傳達予觀看者。因此，消費端視覺印象中的明暗、色彩、線條等視覺元素之回饋，實為廣告成功的第一步。

a

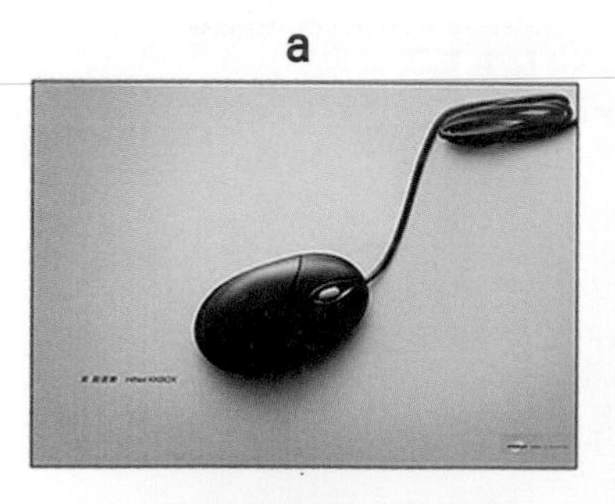

從形狀來看是音符

b

由顏色來看是美麗的海洋

c

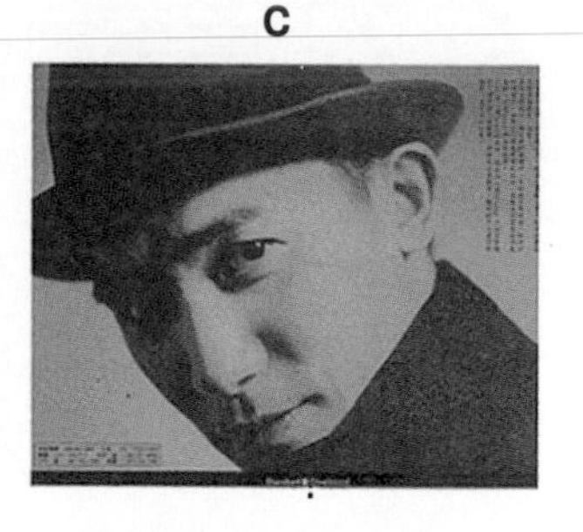

回眸的微笑表情

圖 6-12　第一層次分析圖例。（圖片提供：時報廣告獎執行委員會）

廣告圖像第二層次「意象層」：透過形體結合所呈現的寓意

第二層次指元素之意象與寓意層級，當形象與形象融合且可將涵義互相結合。舉例說明：單純的圖 6-13-a 的香菸與圖 6-13-b 的嬰兒，都是人們熟知的形象，但將兩者合而為一時，卻成了吸二手菸會對嬰兒產生危害的公益廣告（圖 6-13-c）。這就是第二層次用於廣告圖像時，所賦予的寓意。因此如何透過圖像背後的故事，並藉由視覺圖像進而傳遞出深刻意涵，正是此層次的目的。

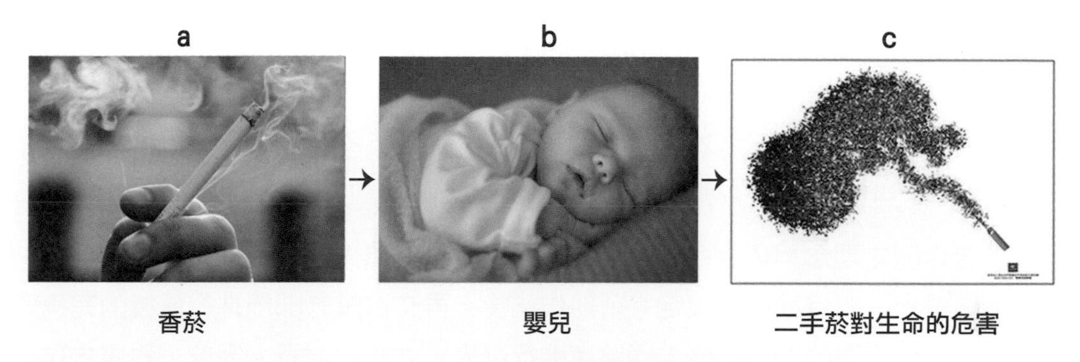

圖 6-13　第二層次分析圖例。（圖片提供：時報廣告獎執行委員會）

廣告圖像第三層次「策略層」：背後的文化意涵或價值觀

第三層次是將廣告圖像背後，深刻隱藏的企業精神，或社會文化意涵的策略面，透過廣告的視覺畫面，傳遞出深層的人性探討或是社會價值觀。舉例說明：圖 6-14-a 的畫面藉由怪手舉手贊成，表現出政府只重視經濟卻忽略自然美景無法重來的無知。圖 6-14-b 以小孩玩遊戲的背後，隱藏著受虐的社會案件，導致小孩只剩一隻腿在玩遊戲的辛酸。圖 6-14-c 表現出現今社會的購物成癮，就像催吐上癮的厭食症，以此表現光怪陸離的社會現象。圖 6-14-d 快樂的舞者卻只能在高壓電上舞蹈，暗諷社會對藝術的不重視。

a　b　c　d

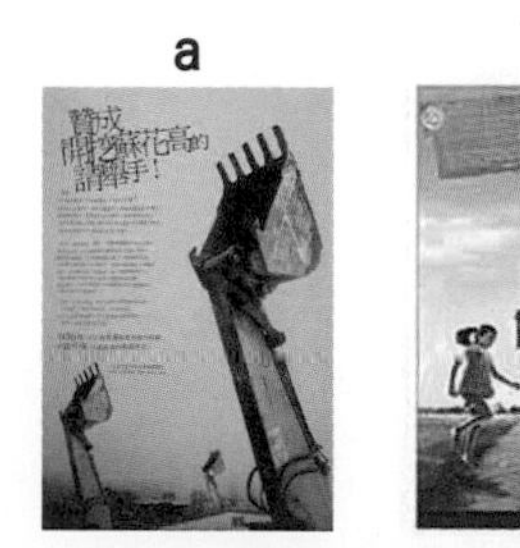

挖開美景的危害　快樂背後的傷痛　吐完再買的躁鬱症　在高壓電線跳舞的無言抗議

圖 6-14　第三層次分析圖例。（圖片提供：時報廣告獎執行委員會）

Peterson（1997）論述中：「**在廣告圖像的設計中，對產品屬性與公司形象等，必須轉化其內在涵義並讓消費者認同，其訴求須包含特定族群之消費心理層面與消費行為的概念。**」本文所舉之「廣告」作品在社會中之運作，也正如藝術一般，是「創作者－廣告創意工作者」（部分蘊含了贊助者的觀點）將理念傳達與「觀眾」之媒介的觀點來看，援引 Wölfflin 與 Panofsky 等學者之圖像學論述，將視覺圖像的表現加以劃分是十分適合的。

藉由圖像學之三層次運用在廣告圖像的分類，「廣告」之要義在於透過視覺圖像之運用，將「設計端－廣告創意工作者」之理念傳遞予「消費端」；若細分此一理念傳遞的流程，第一步其實還是在於「消費端」的視覺接觸與接受度；視覺接觸後，才依序進行圖像內容的分析、解讀與詮釋，最後，才能意會「廣告」所蘊含之寓意（如同 Panofsky 的理論）。

廣告作品之理念與內容多半是由廣告主、創作者預先設定完成於內部作業中，經由市場調查、對目標族群設定等前期作業後，再交由設計部門進行最後的完稿與執行，並透過下游的發行與廣告通路商進行發表，才觸及群眾。因此，對廣告作品而言，理念、內容以及所設定的預期效果等內部文件、探討，就如同藝術家們在創作藝術作品時的自述，是較無爭議且為可靠的第一手材料。一個廣告成功與否的關鍵，在於觀眾能否透過視覺接觸、詮釋與解讀，去認知廣告中所要傳達的內容理念。

以全聯福利中心的「全聯經濟美學」廣告，運用廣告圖像三層次論述說明。台灣奧美與全聯福利中心從 2015 年開始運用「全聯經濟美學」的策略，將貌似是老一輩才有的「省錢」觀念，轉化為年輕人所喜愛的時尚生活態度。

「全聯經濟美學」的第一年，主要目標是吸引年輕族群，讓年輕人覺得去全聯很潮。全聯福利中心的消費主力一直是老年族群，藉由策略轉化讓年輕人不再認為省錢難以啟齒，反而轉化成時尚美學的新思維。到了 2020 年，將「全聯經濟美學」多加一個字變成「全聯經濟健美學」，不只是懂省錢，還兼顧了年輕人的身材，以及老年人看中的身體健康，讓更多人看到這個廣告多年來的成果。

若是將此廣告依照圖像三層次的概念分析，解說如下：

1. 視覺層：藉由酷炫新潮的視覺美感，營造不同族群皆有的共感氛圍。

2. 意象層：透過肢體與產品間的意象融合，表達出來全聯會變健美的新概念。

3. 策略層：讓省錢從老人家的詞彙，變成年輕人認同的時尚美學。

從圖 6-15 ～ 6-18 中所傳達的理念，省錢可以練肌肉更是投資自己，各個年齡層都可以認同，原來省錢可以成為很棒的時尚行為，視覺也是刻意塑造成像在健身房做運動的感覺。從整體的系列廣告可以看出，每一張平面廣告，都是經過策略規劃與說故事方式，並藉由視覺美感的塑造，讓消費者產生認同感。

藉由圖像學三層次理論的內容，將其運用在廣告圖像之論述，經由整合並將此三層次理論，進行歸納與校正轉化，再經由內在結構的重新運作，透過觀看者的角度，去解讀所謂的廣告圖像涵義。希望經由本章節重新整合的廣告圖像三層次理論架構，能提供業界與學界，在做廣告圖像的理論論述時，能有不同層面的思考與解讀方式。

●圖 6-15　到全聯練肌肉將事半功倍。

●圖 6-16　只有全聯和自己不會背叛你。

●圖 6-17　來全聯既省錢又可投資自己。

●圖 6-18　老年人也要為自己的健康努力，不只省錢還贏得矯健的體魄。

（6-15~6-18 圖片提供：時報廣告獎執行委員會）

廣告與品牌的互為因果 —

CIS 與如何說動人的故事

建立品牌就是一連串與受眾溝通的過程，企業依受眾的需求選擇品牌意義，品牌再依需求打造產品，最後提供產品資訊給目標受眾。品牌傳達出來有形無形的訊息，都代表了企業的形象，不只影響品牌定位，更會影響受眾認知。而廣告對於受眾及企業的關係，就是在扮演雙方資訊傳遞的角色，經由廣告行銷讓受眾了解品牌資訊，進而對產品有更深入的了解。

7-1 品牌價值與傳遞方式

廣告可以形塑不同的品牌形象，當廣告運用不同的手法傳遞訊息，會產生不同的效果。網路媒體如此蓬勃發展之際，無論是電子媒體或者是平面媒體，在廣告形式上愈發多元，多元廣告傳遞成為塑造品牌的重要工具。

一、 品牌的定義與延伸

品牌（Brand）一詞是從古斯堪地那維亞語（bandr）演變而來，其意為「加以烙印」，最初是由牧場主人們為了辨認自家牲畜而烙下印記，如果牲畜跑丟了即可根據印記識別，而後逐漸演變成識別販售產品的涵義。

品牌有各種不同定義，美國行銷協會（American Marketing Association，1960）定義為：「品牌是代表一個名稱 name、名詞 term、標記 sign、符號 symbol、設計 design 或以上各項的綜合，試圖來辨認廠商間的產品或服務，進而與競爭者產品具有差異化。」建立品牌定位與價值的關鍵，在於能否讓消費者創造出對品牌的記憶，也就是品牌必須有令消費者回想的能力，例如想吃速食，腦海中馬上聯想到麥當勞或是肯德基；若想喝可樂，腦中浮現出可口可樂與百事可樂的商標（圖 7-1）。因此品牌形象即消費者產生的聯想，因個人喜好、注意程度與獨特性而有所不同，通常與消費者自身生活經驗有關。

圖 7-1　一看到商標，就算沒有中文，也可立即聯想到該品牌。

品牌建立過程包括品牌識別與品牌行銷策略。品牌識別僅僅是品牌打造的第一步，企業必須進行一系列品牌策略執行，通過適當的行銷工具將品牌識別推展至消費者。品牌識別打造的過程也就是行銷的過程，而品牌行銷全程都必須以品牌識別為核心。Aaker（2002）認為：「品牌策略執行的重點為能見度、品牌聯想、顧客關係，並提出可利用廣告宣傳與用互動媒體、贊助、公關等各種行銷方式」。學者 Schultz & Brarnes 則提出：「認識到品牌的行銷，更需要廣告的多媒體形式的傳播。」消費者信賴品牌，相信其能夠保證品質，以及帶來良好的使用者體驗。

李仁芳（2004）指出「品牌的價值在於激發消費者的情緒與感受，而這些則是與生活息息相關的。這裡所指出的情緒感受，即是企業給予消費者的心中感受，也就是所謂的企業理念。」企業要在競爭的環境中存活，其品牌意象就要往外延伸，尤其現今媒體快速變化消費者行為改變，這些都促使著品牌文化不得不積極向外尋求解決之道，以增加品牌的能見度。此外是否可以藉由廣告圖像的視覺設計，讓企業所想要傳遞的品牌形象，能與消費文化以及受眾的生活合而為一，更是品牌需向外延伸的重要課題。

葉連祺（2003）將品牌意涵歸納出三點，如以下所述：

1. 品牌反映出產品的意念或價值 , 以及企業經營的思考過程、策略或承諾。

2. 品牌是一種對產品無形的記憶、感受與信賴，也反映出使用者的身分與文化。

3. 品牌是有形的名字、標語、標誌、設計或前述組合，用以區分競爭者的產品。

諸多學者從不同的角度定義品牌。廣告大師奧格威（David Ogilvy）從消費者的角度出發，他認為「品牌是消費者對產品的概念，表達了產品間的差異。」建立品牌的獨特性，其關鍵是在於能否替消費者創造品牌價值。透過廣告的傳遞，品牌可以帶給受眾在心理上或是實質上的好處，並加以詮釋產品的資訊，讓顧客可以加強購買的信心。

從以上學者對品牌的定義中可以了解，品牌的內在價值，不但會轉化為消費者的品牌忠誠度，更可以代表整個企業的對外形象。近年來越來越多品牌會去思考，如何將社會潛藏的問題以及大眾的需求，藉由好創意與好廣告傳遞給大眾。一個富有創意又傳達深刻意涵的廣告，不但能發人深省，甚至還可以改變人們的行為與傳達正確的觀念。從不同學者的論述可歸納出品牌向外延伸的方式，分為以下兩種：

1. 無形的傳遞方式：

企業的精神，以及透過品牌述說其文化故事，讓受眾產生情感與認同。

2. 有形的傳遞方式：

商標名稱、顏色、廣告圖像以及包裝設計等，藉由視覺外觀形成差異性。

二、 品牌透過廣告能讓受眾更有記憶

隨著現今許多創新產品不斷上市，各個企業也都存在著危機感，目前國內許多產業正面臨轉型階段，尤其當中國大陸取代台灣成為全世界的代工廠之際，導致許多以代工為主的企業開始理解，要想永續經營就必須建立起自有品牌，才能讓企業長治久安，追求更好的經營績效。品牌經營除了要理解客戶的實際需求將產品差異化、打造引人入勝的品牌故事，更要做出市場區隔與完整的視覺圖像規劃與行銷方案，這些整合過程，都是近年來企業一直在努力建立的品牌概念。

Akbaba,S（2006）說過：「圖像設計的整體規劃對於現代企業運作來說十分重要，因為品牌價值的伸張和透過廣告傳播，對企業體可說是讓其發展壯大的生命線。」此觀點已經被許多企業界所接受。由此可見，企業在發展其品牌圖像設計的戰略決策上，其主要關鍵在於品牌價值的延伸和對外傳遞，尤其透過廣告的多元性傳播，無論是將其品牌故事背後的真正意義，或者是品牌的視覺整體，如何抓住受眾的眼球，時至今日則更顯重要。

透過廣告傳遞品牌在市場上的形象以及定位者不勝枚舉，例如體育用品公司 NIKE，此公司前身是「Blue Ribbon Sports」，成立於 1964 年。至 1971 年公司重新整合更名為「NIKE」，NIKE 一詞為古希臘語，原意為勝利，也是希臘神話中的勝利女神。設計師重新設計商標，視覺形象像是打勾符號（圖 7-2），靈感源自於勝利女神的翅膀，此商標名為「Swoosh」，意思是當別人快速的經過我們身邊，聽到的簌簌聲音，代表著迅速與動感，更有著邁向成功的意涵。由商標的意義延伸至品牌意象，再延伸至廣告的宣傳，這樣一致性的品牌形象，讓受眾在心理產生根深蒂固的印象。

1964 BLUE RIBBON SPORTS

1971 nike

1978 NIKE

1995

圖 7-2　NIKE 商標從 1964 年到 1995 年演變，商標越來越簡化也更容易記憶。

NIKE 幾乎每次活動或廣告都能夠創造新的事業高峰。NIKE 能屹立不搖的原因之一是從商標到品牌識別，延續到活動企劃與視覺設計皆有一致性。NIKE 將品牌定位為「運動專業領域的領頭羊」，從挑選品牌代言人，或是精神標語「Just do it」皆為了此定位服務，經歷數十年建立的品牌印象「挑戰自我與克服萬難」已深入人心，長時間累積造就 NIKE 今日的市場形象。圖 7-3 NIKE 的活動廣告，運用年輕人喜歡的大膽塗鴉元素，搭配接受挑戰自己、相信自己的文案，挑選廣告代言人選，皆可以看出整體設計受眾是年輕群眾。從此案例即可了解品牌形象與廣告之間，有著密不可分的關係。

圖 7-3　NIKE 廣告——「猶豫，是對自己太客氣」，表現勇於挑戰自己，最後迎向勝利的精神。

7-2 企業識別系統與廣告

廣告有著非常重要的使命，即是將企業品牌精神用不同媒體傳遞出去。要做好廣告，必須先探討品牌的真正精神。設計人在接到廣告企劃案件時，有時需要判斷替業主規劃企業識別系統（Corporation dentity System，簡稱 CIS），統整對內與對外的核心價值觀，進行視覺與文案的脈絡，為品牌量身打造一系列完整的形象。

企業識別與品牌彼此有關聯，但本質訴求內容不盡相同，企業識別系統主要目標是建立企業的獨特魅力並展現出來；而品牌則是著重在如何創造獨特產品以達到銷售成果，例如透過包裝、色彩、商標以及行銷等方式塑造品牌，而這些方式都根源於企業識別系統。本節將完整講解 CIS 概念與流程。

一、企業識別系統 CIS 理論

企業識別系統（CIS）為企業與組織，對外與對內的整體形象策劃所實行的系統。對內的定義可以從品牌的經營理念與企業文化，並藉由品牌的整體性規劃，藉此來增加企業所想要表達的整體形象。對外則是可經由市場的分析研究後，並結合消費者的需求，藉由視覺設計的規劃整合，讓最後所呈現出的品牌形象，可對消費者產生出傳播效益，而此種品牌之形象，必須用歲月與時間逐漸累積出來，起碼要經歷三年以上，如此才能讓消費者對於品牌，產生出情感投射與認同，進而達成良好的形象。

企業若是沒有將自己的品牌做整體規劃，那麼消費者可能會懷疑這家公司是否是一間有品質與嚴謹的公司，尤其公司對外形象不統一，反而會讓消費者產生產品穩定性的疑慮。所以當企業識別系統能夠運用得宜，就可以幫助企業品牌在社會大眾心中，建立起良好的識別度以及記憶度。根據 Forbes 雜誌指出「一個品牌若能好好運用色彩與標誌符號，即會影響到其品牌的可見度與強化品牌的識別度，最高可達 80%；當與不一致的品牌相比，擁有一致性的品牌預計年收入將增加 23%。」可見得擁有一個好的企業識別系統，對企業在市場上建立起品牌形象有多重要。

企業識別系統是由三大體系所組成，分別為：理念識別系統（Mind Identity，簡稱 MI）、行為識別系統（Behaviour Identity，簡稱 BI），以及視覺識別系統（Visual Identity，簡稱 VI）如圖 7-4。此系統的順序為 MI、BI 再到 VI，許多人會誤解 CIS 就是視覺識別，孰不知它只是企業識別系統的三大體系之一而已。

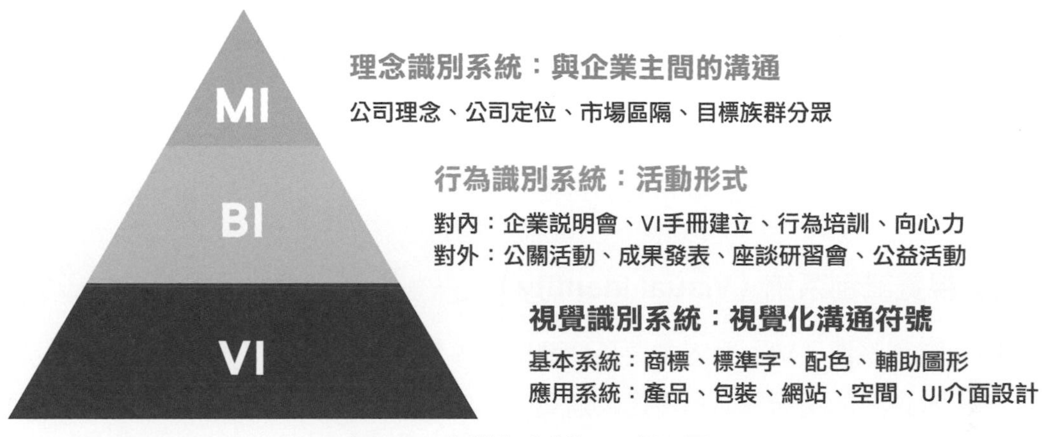

圖 7-4　企業識別系統 CIS 說明圖。

（一）理念識別系統（Mind Identity）

理念識別（MI）可以解讀為企業品牌的個性與精神，其中包含了企業文化、經營理念、市場定位、市場區隔與目標族群分眾的分析，以及想要傳達出的價值觀等方向。企業理念的定位要非常的精準，且訴求要精簡且獨特，消費者才有辦法記得住。

理念識別系統是 CIS 中最花時間的部分，除了要跟業主溝通討論無數次，以及討論企業文化與經營理念之外，更要做市場調查，以及收集文獻，才能夠真正理解業主到底想要什麼，藉此找出適合的方向以及內容。只要溝通清楚並了解執行的方向，視覺識別就能快速找到適合的元素加以設計，反而可大幅縮短製作過程以及修改次數。唯有經過分析與文獻的支撐，在訴說創作理念的背後故事時，才能有因有果的解釋，也才能梳理出整體邏輯性的概念。

許多業主並不清楚自己想要什麼，常會給設計師非常模糊的概念，例如想要種既簡約又要有時尚的印象，如果貿然開始設計，往後可能會花更多時間與業主磨合，所以必須先跟業主做好觀念上的溝通與理解，品牌方向才會符合業主的需求。

（二）行為識別系統（Behaviour Identity）

行為識別系統（BI）主要是將企業理念，運用實際行動方案將理念真正傳達出來，以達到提升企業整體形象的目的，並且增強消費者對企業品牌的識別度，最後達到增加營銷利潤等效果。行為識別系統執行的方式，可分為對內與對外兩種模式：

1. 對內溝通：透過教育訓練組織團隊，進行內容宣導的說明會，遠景的設立與行為管理，建立視覺識別手冊，員工訓練與激勵士氣，以及規範員工福利制度等。
2. 對外溝通：推廣活動、公共關係、成果發表會、研討會與座談會、研習活動、促銷活動、商品規劃以及行動市場調查等。

（三）視覺識別系統（Visual Identity）

視覺識別系統（VI）內容主要是透過圖像、符號、文字等概念，透過視覺設計的美感，將企業的理念與訊息傳遞給消費者。當消費者看到品牌的第一眼開始，便產生了品牌印象，在日後的視覺持續刺激下，將品牌潛移默化記憶在大腦之中，當有需求時，腦中就會浮現出該品牌的視覺形象，而這也是品牌成功抓住消費者的方式。經由系統性的整體規劃，即可藉由完善的視覺策略，讓消費者吸收消化進而對品牌產生記憶。因此視覺形塑品牌的過程，必須仰賴專業的團隊來加以協助。

VI 的設計必須將前面的 MI 與 BI 結合，以歸納分析出具體的方向，例如企業商標、標準色以及字體等主視覺，確認之後再延伸到產品構造、包裝設計及廣告行銷宣傳等應用系統。例如：事務用品、環境用品、廣宣用品、包裝用品、展示用品以及交通用品等。視覺傳達部分可分為三種層面：

1. 基本層面：企業名稱、商標、造型、標準色等基本組合系統。
2. 輔助層面：色彩輔助色規劃、字型編排以及最後呈現效果等。
3. 應用層面：廣告媒體、交通工具、招牌規劃、制服設計、場地規劃等。

設計品牌商標與設計廣告的原則其實很類似，都要從企業理念、市場區隔、市場定位，與目標族群的消費行為研究開始，做好詳細的市場調查才能避免商標無意義的窘境，最需要避免讓人覺得此商標用於另一間企業依然可行。商標要為企業量身打造，展現出企業的獨特性跟精神指標。

以下藉由實際執行 CIS 的案例說明過程，此案例是與龍裕鴻老師共同執行。業主為三聯國際事業有限公司，目標為改造三聯南頻電信旗下的 TopCall App。

圖 7-5　TopCall 原商標。

業主原本認為只要重新設計商標以及介面即可，然而經過團隊深入調查了解發現，原 TopCall app 其商標辨識度不高，企業並不知道為何要用熊作為商標（圖 7-5）。接手之後即開始做市場調查及使用者行為研究，找出核心功能以及聚焦品牌差異化，之後再擬定設計策略（圖 7-6）。藉由跟業主討論進行聚焦，歸納整理出五項商標設計方向概念（圖 7-7），再從這五個方向發想出三十張草圖，最後經過公司所有員工進行票選，選定出新商標。

商標造型創作理念為：

1. 象徵三聯國際「共創三贏」的核心理念。
2. 品質保證、積極向上發展的意涵。
3. 握手的動作，傳達合作共識、共創美好未來的願景。

圖 7-7　新商標的五項設計方向。

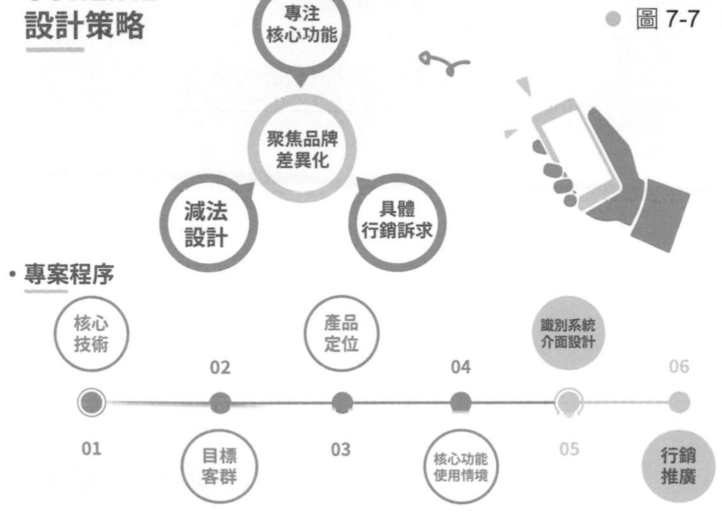

圖 7-6　擬定新設計策略。

顏色則是經過規劃，將草圖顏色調整為更時尚的配色，並規範整體形象的顏色設計（圖 7-8 ～ 7-13），藉此傳達企業一致的形象。

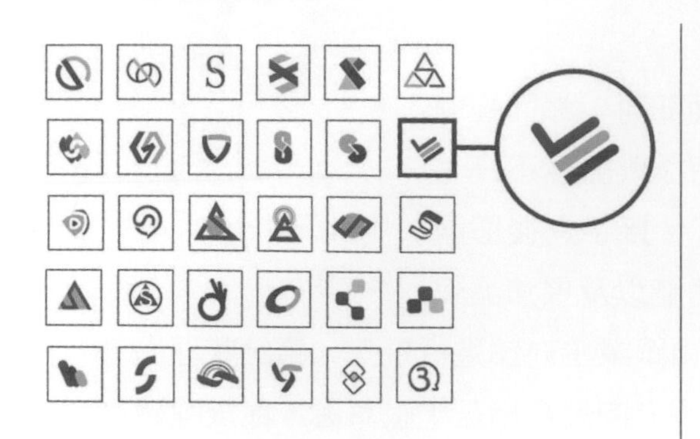

圖 7-8　三十組商標草圖提案。

(a.)

a.
以三聯國際的企業精神手勢作為造型設計的主要構想，造型中三條45度向上的線條，象徵三聯國際「共創三贏」的核心理念，頂部的打勾造型代表著品質保證、積極向上發展的意涵，標誌整體造型同時也有握手的動作，傳達合作共識、共創美好未來的願景。

(b.)

SUNLINE

b.
標準字以較年輕活潑的意象呈現，微笑與「U」結合則是期望帶給使用APP的商務人士一整天的好心情，而英文字「E」又像是三聯國際的「三」字。

圖 7-9　解說新商標的造型理念。

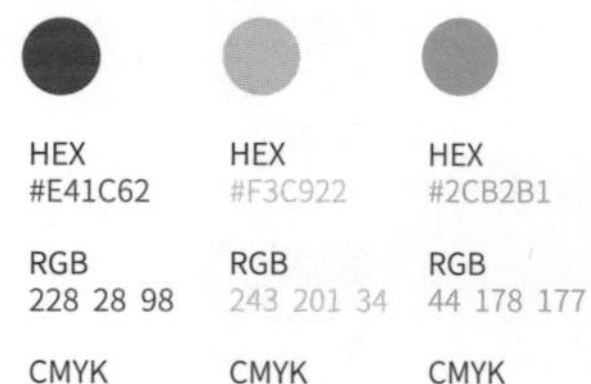

左列為「SUNLINE APP」視覺識別系統的色彩計畫，在範圍內標誌須以這三種顏色展現。

左列色彩請儘量遵循規定之色票比對使用，若因不同材質及色料的限制，色彩略有誤差，在可以被接受的範圍內，須經組織相關單位認可始能使用。

圖 7-10　顏色的使用規範。

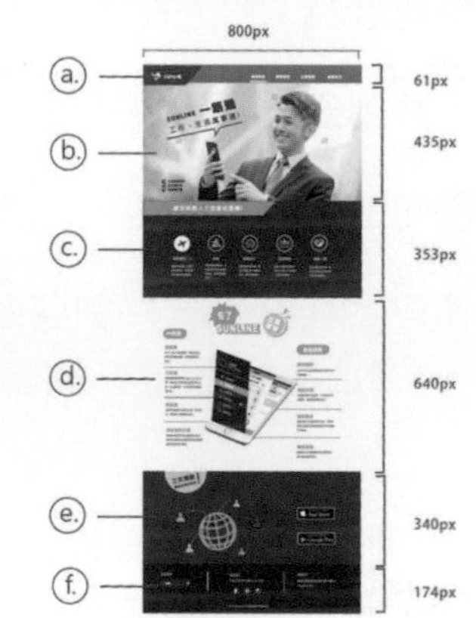

a. 導覽列
b. 認知-目標客群代表人物
c. 興趣-經由目標客群使用情境引起消費者興趣。
d. 欲望-經由獨家優勢功能介紹引起消費者欲望
e. 行動-引起欲望而後行動
f. 網頁頁尾
(連絡方式、公司名稱、連結)

圖 7-11　網站的設計規範。

*皆為電腦顯示尺寸

a. 尺寸為820*312
b. 尺寸為170*170

單位：px

圖 7-12　臉書的使用規範。

海報重點以一路通為主，目標客群為輔，並附QR code可直接掃描連結，請依比例縮放大小。

圖 7-13　海報設計的使用規範。

二、CIS 應用到廣告實際案例

當整體識別系統設計完成之後，就可以開始應用在外部展示了。企業識別系統能維持企業形象的一致性，同時給予靈活應用的彈性，以此達到彰顯企業價值的目的，更能運用媒體資源增加客戶忠誠度。一個好的企業識別能為品牌建立鮮明形象，例如星巴克、可口可樂、無印良品、APPLE 等，這些公司都有著品牌獨特的氣質，在消費者心中留下深刻印象。以下藉由星巴克與麥當勞的企業識別再造，說明品牌的變化與廣告應用。

（一）企業識別再造 – 星巴克

星巴克商標來自於希臘神話中半人半魚的海妖賽倫（Siren），傳統賽倫的形象是有兩條尾巴的美人魚，她們用天籟般的歌喉誘惑水手失神，以此形象對比星巴克咖啡也是同樣的誘人。星巴克經歷幾次股東轉換，最後經營者為 Howard Schultz & Terry Heckler，他們於 1987 年決定更改商標設計，設計師 Terry Heckler 將舊版咖啡色改為綠色，留下美人魚圖案，但為了讓群眾接受新商標，將赤裸上身偏寫實造型的美人魚，修改為簡化色塊呈現，搭配簡單的線條，圍繞「STARBUCKS COFFEE」字樣。（圖 7-14）

改造商標的過程中有個小彩蛋，商標周圍圓圈有兩顆小星星，這兩顆星星代表兩位老闆，看了這個背後故事，是不是對其品牌更有興趣呢？ 1992 年星巴克股票上市，為了避免商標性暗示過強，因此將美人魚再度簡化，尾巴只能隱約看見，並且拿掉肚臍；2011 年則是將商標更為簡化，連字樣都去掉了，讓商標更具有現代感也更容易辨識，因為品牌已讓消費者產生認知，看到人魚圖案，就算沒有出現星巴克字樣，還是能知道是星巴克咖啡，而這也正是品牌養成後的魅力。

● 圖 7-14　星巴克商標演進過程。

2019 年星巴克官網公開了其「識別設計」的成果，從網站中可以看出在商標、顏色以及影像的使用準則。創意總監 Ben Nelson 認為星巴克的設計策略著重在「功能性」與「感染力」，整體視覺系統也都往此方向進行，藉此定調使用準則。所有星巴克的菜單、包裝以及 IG 等行銷素材上，全都依照此視覺風格進行。設計師希望能藉由新的視覺概念，讓品牌將咖啡與藝術相結合，增加品牌與消費者的溝通。

顏色最容易讓消費者產生品牌記憶元素，更可以加強品牌鮮明印象，星巴克的識別更動，仍延續了星巴克的綠色視覺識別以及輔助色系（圖 7-15），並延伸到整體視覺，包含網站設計（圖 7-16）、平面廣告及品牌插畫，與年輕族群溝通的 IG 社群媒體與商品設計（圖 7-17），整體視覺維持統一色系而有一致感，風格富有時尚氣息，吻合目標族群的喜好。

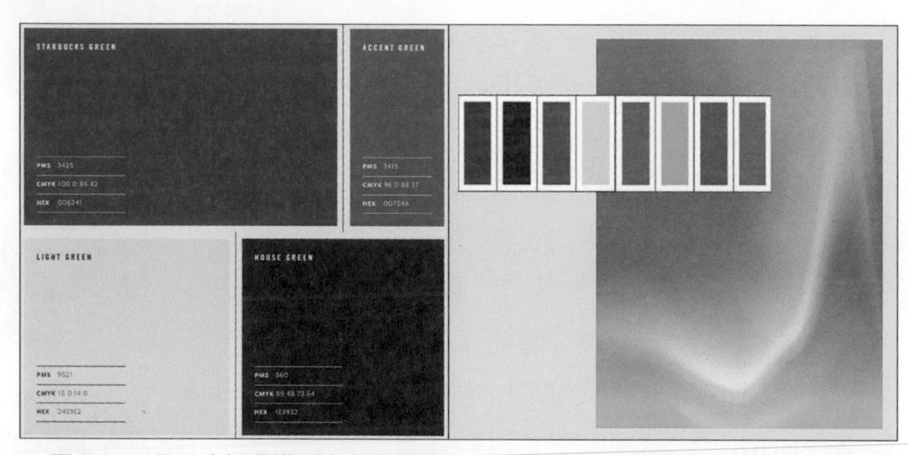

● 圖 7-15　星巴克視覺識別主色與輔助色。

● 圖 7-16　星巴克官網畫面。

● 圖 7-17　星巴克平面廣告、品牌插畫、周邊商品及 IG 貼文，配色表現出一致感，使用與商標相同的綠色。（7-16~7-17 圖片來源：星巴克官網）

（二）企業識別再造 – 麥當勞

另一個範例則是大家從小吃到大的品牌，充滿著許多兒時回憶的「麥當勞」。當大家聯想到麥當勞時，腦袋瞬間浮現出來的元素，應該會有金色拱門（Golden Arches）的 M 字招牌、裝著薯條的紅色盒子以及麥當勞叔叔等，尤其是記憶度最高的 M 字招牌。

麥當勞從 1940 年代開始商標不斷演變，1948 年商標上是一位漢堡廚師，1961 年首次轉化為金色拱門，成了大家記憶度最高的符號，演變至今轉為極簡風格的 M 字招牌（圖 7-18）。

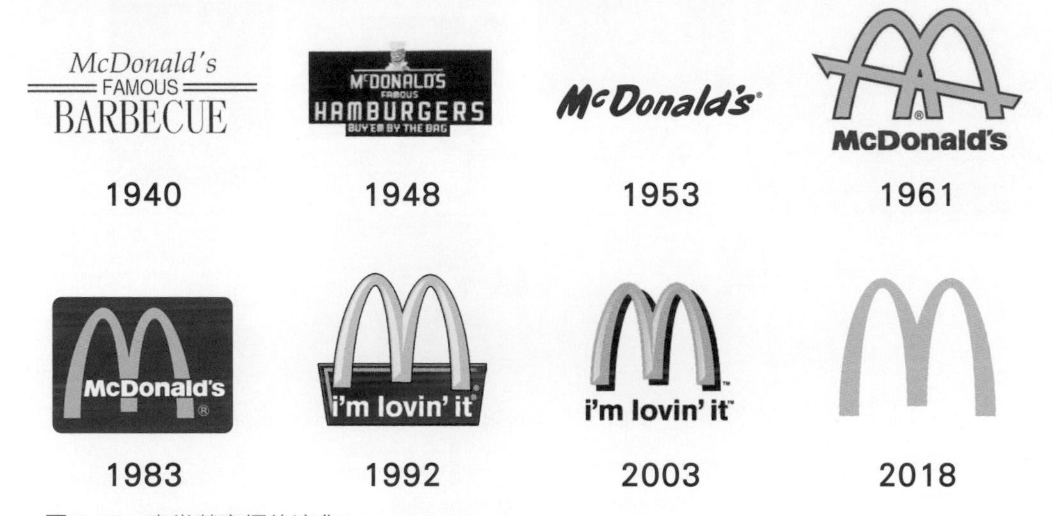

● 圖 7-18　麥當勞商標的演化。

當麥當勞企業擴展至全球，規模 35,000 家分店時，麥當勞發現企業在不同國家出現混亂的視覺識別，而這個現象很容易扼殺掉品牌。麥當勞為了因應此種混亂，於是在 2018 年的秋天，推出了全新的企業識別設計，希望能塑造出一個「現代化且與時俱進」的漢堡公司企業形象。期待藉由此視覺識別系統，讓消費者產生來麥當勞，都能夠感到輕鬆自在，藉此創造出感覺良好的回憶，並且增加年輕消費族群對麥當勞的認同度。

麥當勞昔日的商標配色一直以紅色為主、黃色為輔，但是在新的視覺中，則變成以拱門標誌的金黃色為重點，紅色轉為輔助色。原因是麥當勞希望企業形象有著輕鬆自在的感受，紅色就與新的策略不吻合了，所以改以黃色為主色，藉此與競爭對手漢堡王、肯德基產生差異。

企業必須與時俱進，根據不同的世代需求做出調整，由於麥當勞的受眾偏向年輕族群，因此希望將歷史悠久的印象加以排除，讓視覺設計更趨向於年輕人喜好的「動感個性與年輕時尚性」，於是在商標運用上採用了更彈性的作法，只要能跟目的相符就能自由運用。例如將配色使用在 Wifi 圖案及騎乘軌跡（圖 7-19）、運用地景概念的塗鴉壁畫，平面廣告商標出血設計（圖 7-20），如此不按牌理出牌的思考邏輯，加上大膽前衛的視覺風格，更能抓住年輕人的視線。

2021 年麥當勞與英國設計公司 Pearlfisher 合作打造全球新包裝，透過簡約插圖讓包裝的視覺更具活潑與系統性（圖 7-21），預計在未來兩、三年內正式推行到全球。

● 圖 7-19　麥當勞配色靈活應用在不同插圖上。

● 圖 7-20　彈性應用商標表達出年輕現代感。（圖片來源：Turner Duckworth）

● 圖 7-21　全新的麥當勞包裝，以簡約圖像呈現產品特色。（圖片來源：Pearlfisher）

7-3 以文化內涵創造品牌廣告故事

文化之所以能形成，突顯在人類行為模式的規範，文化可藉由社會付予有形及無形的定義，從而形成人類的習慣、價值觀、法則與制度。品牌可說是透過文化內涵，講述故事的另一種型態。越會說故事就越能夠帶領受眾，走入你為產品或品牌所創造的氛圍之中，進而引起受眾對品牌的共鳴，最後引發購買行為。

故事不能夠只是天馬行空想像，重要的是故事內容符合品牌個性，說故事的時候就是在替品牌塑造形象。好的故事行銷即是能夠透過文化元素，並配合該消費族群的生活體驗，引起他們的情感共鳴，並運用廣告的傳播行銷，最後可以成功替品牌創造效益。

一、能說故事者得天下

早期的行銷設計大都是以「賣感覺」的方式來進行，但容易因為訊息快速變換而無法持久，廣告業界也一直在尋找能持久且能感動人心的方式。藉由文化內涵訴說品牌故事被證實為有效，如今已演變為經濟顯學。未來學家 Rolf．Jensen 預言「在 21 世紀，企業所需要擁有的最重要技能，就是創造新思維以及說故事的能力。」

故事可以讓人深刻的記在腦海中，甚至還可以反覆玩味留下雋永的印象。品牌可透過故事傳遞有意義的生活，有別於傳統上廣告只作為宣傳工具而已。營銷學者 Laurent．Muzellec 認為品牌要藉由廣告，進而產生出新的形象轉換，其定義「希望藉由廣告的形塑，進而在消費者心中打造出品牌認同的身份表徵，但必須將企業文化融入到廣告的內容表現中探討。」只有經過文化的深刻涵義脈絡，才能將廣告加以內化，進而營造出獨特的企業文化。

蘋果公司創辦人賈伯斯表示「世界上最有影響力的人就是說故事的人，因為他可以決定題材與觀點。」 說故事的目的若只為銷售，就不能「純屬虛構」，故事之所以讓人難忘，就在於將真實感「深刻化」。Rolf．Jensen 提出論點「每個產品背後要有一個包含地位、歸屬感、奇妙經驗和生活方式的故事。」

現任聯廣傳播集團創意長的狄運昌曾提出「獨特的溝通點，即在於你要溝通的訊息。」而具有真實感的故事比比皆是，如何在企業中脫穎而出？下段以國內企業「阿原肥皂」及「掌聲穀粒」說明，他們是運用文化敍述品牌故事的最佳範例之一。

● 圖 7-22　阿原肥皂使用自然農法耕作，使用清溪水及環保肥料。

阿原工作室創於2005年，以台灣青草為主題，品牌理念融合東方養生思維，強調善待身體與自然環境，以此概念打造手工肥皂。產品定位為「台灣青草植物應用專家」，品牌核心價值是「以漢方全人養生思維與東方青草和諧概念，打造利益眾生良方」。阿原肥皂在國家認證的生態區內用清溪水來灌溉植物原料，並使用自然農法耕作，肥料亦是使用咖啡渣發酵的初肥（圖 7-22），過程皆純手工，歷經一個半月的製程產出成品，稱之為「每株藥草都是尊重土地、風霜日曝後強勁健康的自然恩典」。

主打小眾的阿原肥皂早期以口耳相傳行銷，創辦人江榮原先生認為，品牌經營是企業得以延續存活的命脈，現階段中小企業的經營，必須要有行銷企劃以及研發的概念，且要去思考多元化經營，開發周邊產品，並且唯有藉由專業的企劃團隊為公司規劃，才能清楚定位公司的完整策略。例如阿原肥皂官網主畫面即展現人與大自然共存共榮的故事，阿原農場自然耕作亦實踐「土地倫理 – 與大地一起休養生息」的價值觀，創造出良善永續的環境，並擴大到地方創生共享經濟。此種將故事運用在品牌經營中，更能打動消費者的心。肥皂包裝上使用手寫繁體漢字，禮盒包裝則使用水彩創作（圖 7-23），與品牌定位自然美相輔相成。

● 圖7-23　阿原肥皂用書法及水彩表現獨特美學。（7-22~7-23 圖片來源：阿原肥皂官網）

另一間案例則是掌生穀粒糧商號股份有限公司，創立於 2006 年，官網上明確地顯示其品牌故事：跟著影像文字去旅行（圖 7-24）。本業販賣農產品的掌生穀粒，將平常的白米，轉換成品牌故事「台灣人的生活風格」，此生活風格包含了歷史的文化風霜、地理的風土條件、人文的感官飛揚，以及最重要的是：台灣人對待土地的友善態度。

從品牌介紹中即可以得知，「在我們的眼中，農作物的價值不只是飽足口腹的糧食，他是天地人感情交流後的大地創作。其媒介來自於土地的無常，也許不完美、也許有遺憾……而所以真實的農產品。」誠實表達賣的不是完美的農產品，但這也是許多消費者喜歡有機農作物的原因，能給人真實而安全的品牌形象。

該企業在網頁中還使用不同的攝影作品，企劃「跟著影像文字去旅行 – 大地影展」的專頁（圖 7-25），透過他們的鏡頭到台灣各地種植茶與稻穀的聚落，記錄大地、稻穀和茶葉的故事。2006 年創立到 2022 年無間斷舉辦小學生一起種稻的活動，在童年就種下對土地的承諾。

掌生穀粒的市場區隔策略是讓受眾得知，此品牌不是只有產品而已，還有知識內容產出的價值。網站所呈現的形象非常統一，文字富有文學感動力，每篇文章都能看出逐字斟酌的文學之美（圖 7-26），讓受眾理解品牌理念。欣賞品牌理念的人自然而然會分享給親朋好友，這點跟許多相似產品的精神很不一樣，所以品牌給自己下了一個結語「為台灣依舊美好的人物事，掌聲鼓勵」而這也正好與品牌名稱相呼應。

● 圖 7-24　掌生穀粒官網標題：跟著影像文字去旅行，訴說台灣故事。
（7-24~7-26 圖片來源：掌生穀粒官網）

● 圖 7-25　大地影展活動專頁，記錄農作物的故事。

● 圖 7-26　以文學筆法描寫稻米由來。

從以上案例中可以發現中小企業規劃經營策略時，必須清楚品牌定位與市場區隔，如何將品牌背後的故事，與社會或消費者產生關聯，這點是企業從小型規模慢慢成長茁壯的關鍵，而這也正是讓人感動的元素。

二、以文化內涵創造品牌識別

此小節為兩個 CIS 改造案例，說明如何運用文化內涵打造品牌。

（一）日月潭 – 臺灣農夫

「臺灣農夫」是「保證責任南投縣日月潭農產運銷合作社」旗下品牌，產品以農產加工為主，生鮮農產品為輔，此案需要從無到有打造品牌識別系統及商標。理念識別以日月潭當地人文歷史為品牌出發點，業主希望設計風格能看出其人文歷史；視覺識別業主期許能有台灣意象，一看就知道是台灣的產品。

● 圖 7-27　一般人使用具象形體提案。

業主反應昔日提案團隊大多使用農夫的元素，例如斗笠、穀倉等，若是日月潭則用太陽、月亮的意象（圖 7-27），可見已有許多團隊使用相同概念提報，但業主想要一種說故事、感動人心的品牌印象，而不只是表象的日月潭農夫。

本案例最開始從建立「臺灣農夫」品牌辨識的元素，規劃整體設計概念，並透過故事設計以創造其品牌價值。策略主要是依據品牌的背後故事、特色文化等意涵，進而提升消費者對該地區文化認同，並逐步建立與消費者間的品牌關係，使消費者對於「臺灣農夫」有更深的心理連結，及消費行為的忠誠度。而這裡所談論的策略層面，也就是企業識別系統 CIS 裡最重要的 MI 部分，執行過程需與業主共同討論公司的經營理念與未來方向。

在「臺灣農夫」MI 元素的篩選上，主要是透過收集當地文獻加以歸納分析，探討臺灣農夫品牌之概念，最後討論出三大方向：1. 歷史文化、2. 生態概念、3. 當地傳説三層面（圖 7-28），以下説明這三層面的研究策略：

1. 歷史文化 – 古地名為水沙連

以日月潭為中心的南投、彰化一帶，古地名稱之為「水沙連」，在清朝時設置水沙連堡行政區域，因此在日月潭有不少是用水沙連命名的商店與旅館。早期「水沙連」一詞所指範圍廣闊，從號稱「前山第一城」的竹山鎮開始，到鹿谷、集集、水裡、魚池、埔里等範圍，均被視為水沙連內山。

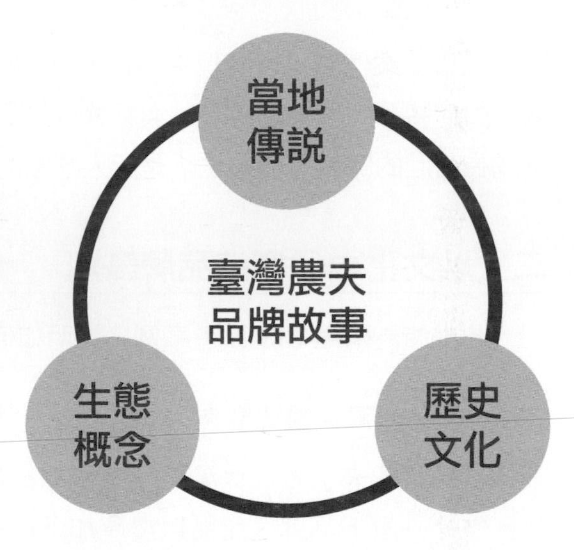

圖 7-28　臺灣農夫品牌策略架構圖。

內山有所謂的水沙連六社，包含了頭社、水社、貓蘭社、沈鹿社、埔裏社與眉社，前四社在日月潭附近，大致上屬於邵族系統。水沙連的古地圖中有「五盆地」，包含了日潭及月潭，日月潭原來有日、月兩潭，圓型稱為日潭；月型稱為月潭，之後由於人們填土造田，日潭漸漸成為形勢平坦的盆地，今日稱為頭社盆地，剩下月潭存留，目前大眾所認知的「日月潭」實際上是以前的月潭。

2. 生態概念 – 深咖啡色的草泥炭土

● 圖7-29 日月潭草泥炭土適合種植金針花。(圖片來源：農業易遊網)

日潭早年波光粼粼的美麗景象，因為人們為了耕種賺取利益，開始填土造田，形成了現今的頭社盆地，由於位處低窪地區，布滿了厚厚的泥炭土，土質極其鬆軟。此泥炭土為草泥炭土，需經千年以上沉積才能形成，踩在上面整個土地有如會搖晃一般，彷彿站在水床上的感覺，又有「活」盆地之稱。但是由於該片土地很難種植出好的農作物，因此很多年都是處於休耕狀態。臺灣農夫創辦人決定運用「深咖啡色」的草泥炭土，發現其土質非常適合種植金針花（圖 7-29），並計畫復育日月潭特有動植物品種，水社柳及日月潭澤蟹等。

3. 當地傳說 – 白鹿神話

在邵族傳說裡，族裡的勇猛獵人到山中打獵時，看見一隻「白鹿」，就開始沿路追逐這隻白鹿，一路就這樣追到了日月潭邊，此時白鹿無處可逃便跳進了潭裡消失不見。到了當天晚上，那隻白鹿化身為白衣仙女，托夢給族中長者，告知此地物產豐碩，若是能夠在此開墾定居，肯定能為族人獲取更好的生活條件（圖 7-30）。邵族人因此決定在日月潭定居下來，開始了農耕生活，而這也形成邵族有名的「逐白鹿」傳說故事，因此白色對於邵族來說，蘊涵了極其特殊的意義。

● 圖 7-30 邵族白鹿傳說壁畫。

與業主討論過程中，業主也帶著團隊一路開車，看著日月潭周遭的山光水色，並聽著歷史的前因後果。期間團隊跟臺灣農夫總經理透過臉書群組，反覆進行溝通，討論地理文化以及歷史背景，以及如何與企業理念相結合，幾經多次修改才慢慢將整個品牌架構，與視覺元素加以歸納出來。

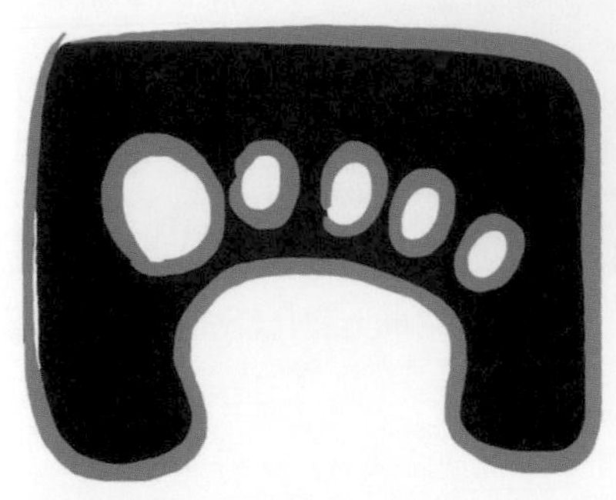

● 圖 7-31　臺灣農夫商標草圖，設計主題為踩在農田裡的腳印。

在幾十張草圖中，業主最後選擇踩在農田裡的腳印主題（圖 7-31），業主認為此張草圖比較有感情，而且有農夫親自耕田的意涵，比較不像日月潭或是穀倉表象的構圖。團隊隨後開始再次進行相關資料的蒐集，並思考結合上述的地理生態、歷史與傳說等元素，才進行商標的設計。

過程中業主找到一張由國立台灣博物館收藏，擁有四百多年歷史水沙連五盆地的古地圖（圖 7-32）。當看到這張古地圖的時候，心裡其實很震撼，因為這張古地圖跟團隊所繪製的腳印草稿異常相似，這實在是太巧合了。另外也找到三百多年前康熙台灣輿圖，清朝時的台灣地圖是橫躺的（圖 7-33），時人將其稱為鯨魚，因此團隊決定把草圖跟兩張古地圖相結合。

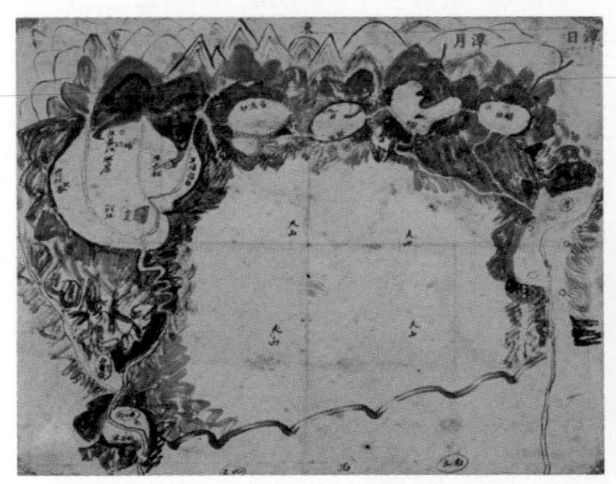

● 圖 7-32　水沙連五盆地古地圖。（圖片來源：國立台灣博物館）

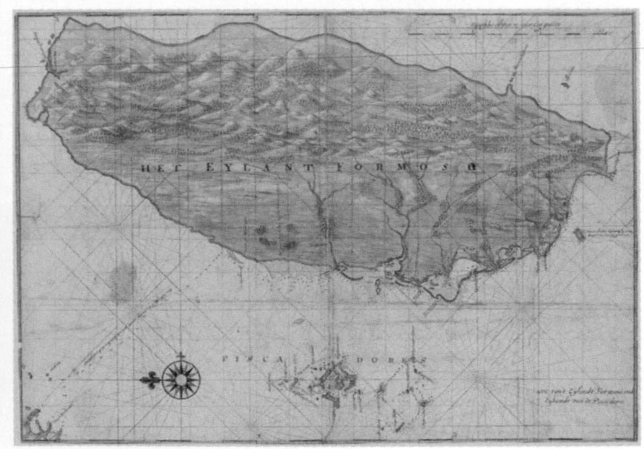

● 圖 7-33　康熙台灣輿圖。（圖片來源：國立台灣博物館）

康熙台灣輿圖的上半部邊緣線，恰好與台灣 24 節氣溫度曲線相似（圖 7-34 ）。農民們傳統上以 24 節氣決定農事進展或作為生活起居的參考，線條中間最高點，代表著是 24 節氣中最熱的「大暑」，最右邊處於最低點，則代表著 24 節氣中最冷的節氣「大寒」，整條線象徵著一整年的二十四節氣溫度變化線。藉由此方式，將農夫耕作參考曆法 24 節氣，也放入商標中解釋，以此加深商標的歷史文化深度。

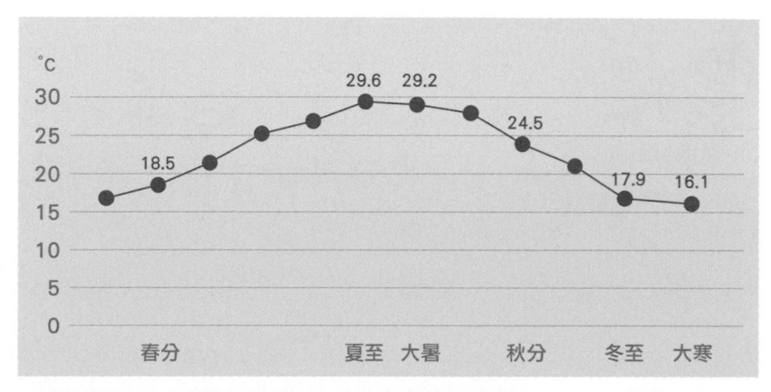

圖 7-34　台灣 24 節氣平均溫度及折線圖。

經由團隊將水沙連五盆地古地圖、康熙台灣輿圖元素加上 24 節氣折線圖重新整合，設計理念是將五盆地作為腳趾，再將康熙台灣輿圖作為腳掌，修改輪廓外型，創造出新商標，圖 7-35 為設計過程示意圖。此商標同時表現出充滿歷史歲月的日月潭水沙連五盆地古地圖，以及康熙台灣輿圖，將兩者背後涵義的地理環境、歷史文化相融合，設計成富有歷史意義的日月潭農產合作社「臺灣農夫」品牌商標。

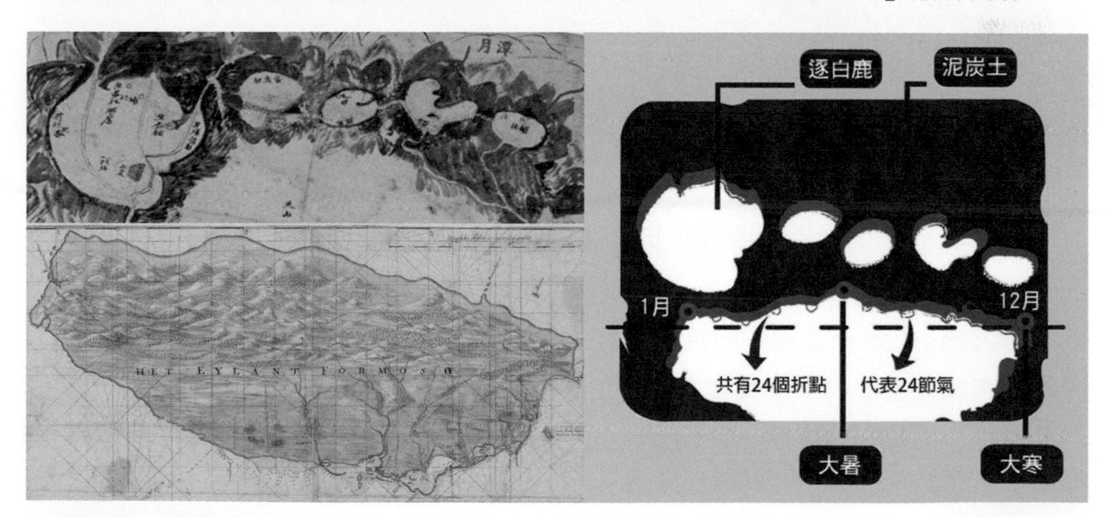

圖 7-35　五盆地古地圖上半部，下半部加上台灣輿圖形狀，再將輪廓線調整為 24 節氣曲線，合成為腳印外型。

● 圖 7-36　最終完成一個充滿歷史文化的臺灣農夫商標。

在色彩的選用上，白色由邵族「逐白鹿」的傳說延伸而來，藉用白衣仙子為日月潭帶來豐饒資源的故事形象，因此將整個腳印以白色來呈現；外框部份則是選用日月潭活盆地泥炭土的深咖啡色來表示，涵義為起源與豐饒，再增加紅褐色擴展盆地的層次與深度。藉由逐白鹿的神話故事，與泥炭土的地理環境，再加上 24 節氣的引用，此種藉由文化、傳說與地理元素，即能創造出獨一無二，且只屬於日月潭農產運銷產合作社 – 臺灣農夫的專屬商標（圖 7-36）。

發布商標後，現場銷售人員對客人解說商標品牌故事，同時蒐集了 278 份問卷，結果顯示消費者對品牌好感度增加了 86%，原因是具有特色的品牌圖像故事，是其他企業完全無法複製的。擁有一個獨特的品牌故事，才能跟其他廠商區隔。

經過此次品牌視覺再造後，臺灣農夫榮獲 2011 年勞動部金旭獎、多元就業方案優秀單位以及最佳社會經濟發展單位。由此案例執行過程與結果可得知，規劃整體品牌圖像設計時，與企業負責人溝通是最重要的一環，許多業主其實都有意願突破現有巢臼，也了解到藉由品牌建構設計，能為企業帶來好的效益與提升知名度，並在銷售產品時讓消費者建立品牌認同感。

（二）屏東 – 國民餐廳

第二個案例是屏東在地經營 50 年的老餐館「國民餐廳」，是伴隨許多屏東人成長的回憶（圖 7-37），主要菜色為南北菜、台菜，其中的「掛爐烤鴨」與「炭火羊肉火鍋」是老店營運中的鎮店之寶，時常有饕客從外地慕名而來。好吃的菜色、寬廣的空間，也成為屏東在地人娶妻生子、親朋好友及公司聚餐必選餐廳。而再好的餐廳也會面臨一代退休、二代接手的過渡期，由於過去沒有品牌經營的概念，二代希望可以將原本的宴客型餐廳轉為小型店家，業主希望透過產學合作的方式，協助其品牌重新建立完整的 CIS 系統，進行品牌再造與經營模式的轉型。

並且藉由行銷企劃，使國民餐廳可以轉型成符合現代的經營模式，繼續將好的經營理念與傳統美食傳承下去。從品牌的理念到視覺識別，透過建立完整的 CIS 系統，確立餐廳品牌定位，強化品牌的識別度，讓國民餐廳更具品牌特色，進一步吸引目標受眾光顧。

圖 7-37　國民餐廳老招牌及懷舊裝潢。

目標客群：

1. 主要：45~55 歲屏東人

   為過去主要客群，品牌再造並不是將過去具有的一切丟棄，而是保存原本的特色，再透過各方面的重新整合，吸引新的受眾，因此將主要受眾定為餐廳原有的客群。

2. 次要：25~34 歲上班族

   國民餐廳希望透過品牌重新整合、開發新的行銷模式，轉型為小型店家，目標吸引更多年輕族群，將 25~34 歲有經濟能力的上班族，定為未來預期發展的客群。

確定客群後接著進行商標設計，總共繪製出八組草圖（圖 7-38），強調民國 49 年創店，配色則參考過去餐廳招牌以營造復古風格。視覺元素包含：餐廳最有名的羊肉爐、業主兒時記憶的砧板、掛爐烤鴨的烤爐、現代家庭常使用的長型砧板，都是連接國民餐廳的設計元素。最後業主決定選用 7 號，其創作理念為復古圓形砧板結合年輕世代愛用的長型砧板，象徵著世代交替的概念。

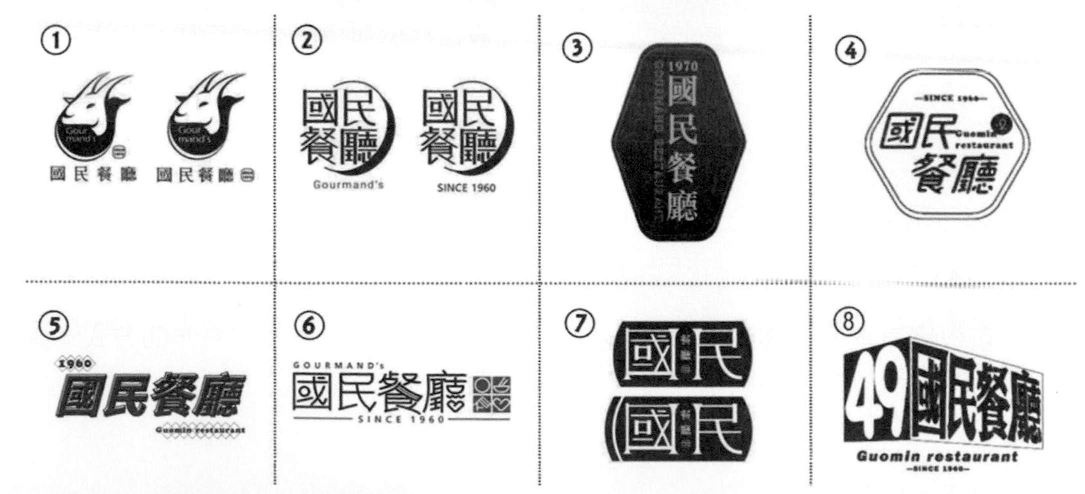

圖 7-38　最初設計的八種商標草圖。

1. 商標設計理念

業主從小在父母經營的國民餐廳長大，時時刻刻看著父母忙碌燒菜，看著廚房中的器具一個接一個不堪磨損而汰舊換新，唯一不變的只有那塊老砧板，和父母熱忱做飯的心。對於她而言，砧板不只是廚師處理菜餚的第一道過程，也是最能象徵「國民餐廳」的精神指標。從父親手中接下這塊砧板，也將這份事業傳承下來。因此商標的發想上將砧板的特性、外型作為設計重要元素。

圖 7-39 商標基底使用古早圓形砧板的形象，這塊老砧板是國民餐廳打下穩健根基的隱藏功臣，象徵父母輩為國民餐廳奮鬥的身影，如今一代的精神將傳承於二代，以現代家庭常使用的長型砧板代表轉型後的餐廳，將兩者形象結合成為國民餐廳的新商標。

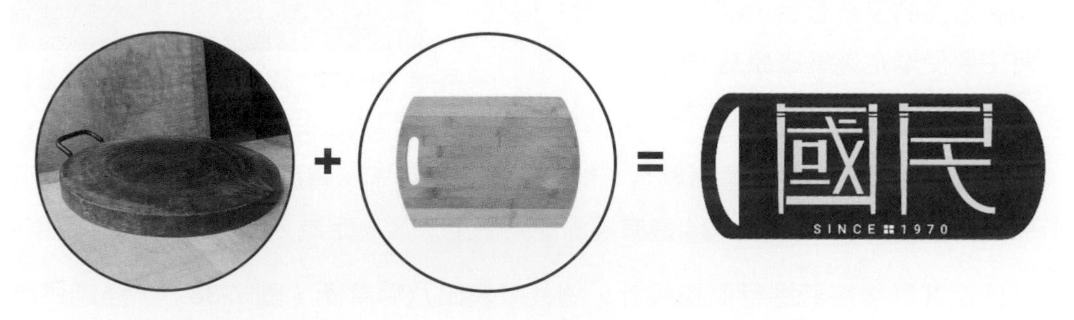

● 圖 7-39　運用舊時候的圓形砧板，與現代家庭常使用的長型砧板元素相結合。

2. 字體設計理念

圖 7-40 為商標字體比例圖，將國民兩字造型與筷子結合，一眼便能看出是傳統中式餐廳。「民」當中一長一短的筷子即代表二代的概念，代表二代將從上一代中接棒，筷子也象徵著老一代與第二代密不可分的緣分。「民」當中一長一短的筷子也有「即將再創新篇章」的涵義。字體部分應用上不會單獨使用。

3. 標準色理念

圖 7-41 為品牌標準色，使用 PANTONE 1805C 色號，取自國民餐廳舊店外觀配色，將國民餐廳的精神傳承到新店。整體帶有洋紅的喜氣也蘊含著酒紅的一絲低調，與巷弄中為大家默默準備豐盛年菜的國民餐廳如出一轍。

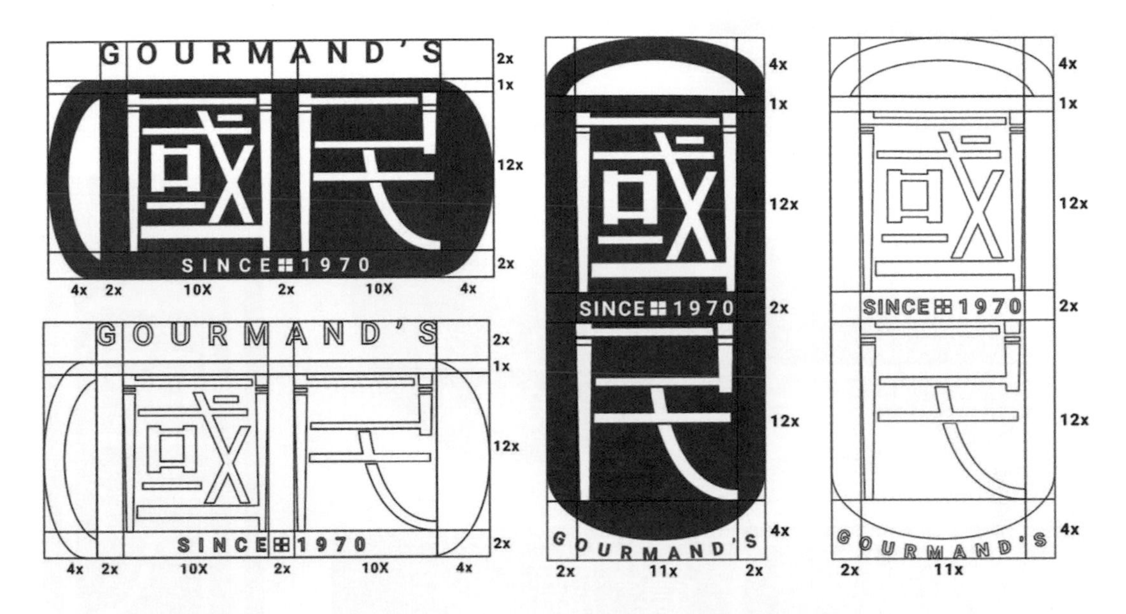

● 圖 7-40　商標設計及字體的比例圖。

● 圖 7-41　標準色取自國民餐廳舊店外觀配色。

圖 7-42~7-45 為整體國民餐廳的視覺設計系統及周邊應用，包含新的直式橫式及圓形招牌、停車指標、名片，以及外燴年菜贈送的一系列年曆卡，最終完成了國民餐廳品牌改造案。後續得到顧客熱烈響應，傳承自父母的砧板，二代經營得有聲有色，至今仍是屏東知名餐廳。

● 圖 7-42　招牌設計及相關運用。

● 圖 7-43　搬家後移至新店面的招牌外觀。

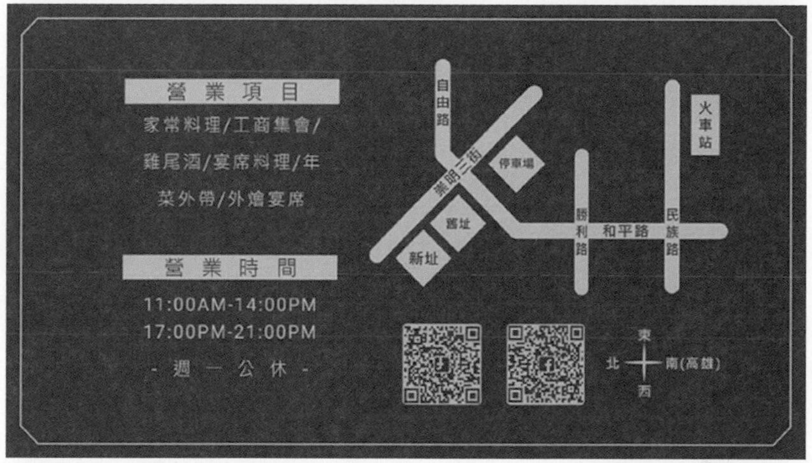

圖 7-44　名片正反兩面。

圖 7-45　2021~2032 年系列年曆卡，以各年生肖為設計主體，使用較喜慶的配色：橘、黃、白、紫、咖啡，五色為標準色。

8

設計細節如何做？—

手把手教你設計執行時不出槌

讀設計的學生畢業時大都懷著滿腔熱血，希望盡可能施展所學，但實際開始設計工作後，常會遇到主管不斷增加案件，或是客戶頻繁要求改稿，原來的熱誠被慢慢消磨到只剩下一點小火苗。因此設計師要學習規劃案件流程，並加強與主管溝通，而不是花大半時間改稿。

大部分設計師都希望業主能盡快通過設計稿件，關鍵是前期花大量時間溝通業主需求，再設計視覺呈現，也有狀況是前期規劃的很好，但最後視覺沒辦法到位，全部處理案件的過程考驗著設計師的能力。因為公司不是開善堂的，他要的是有產值貢獻的人，所以在設計行業裡面專業技能要能跟創意構想一起到位，同時還要擁有跨領域的知識與技術，這些都是設計師需要面對的課題。

設計師的工作內容包山包海，好像什麼都得要懂一些，圖 8-1 為人力銀行中設計師的條件要求，從中可以發現，原來作為一位設計師需具備的專業技能非常多，不只平面設計，還包含印刷與大圖輸出、商品包裝、影片拍攝與剪輯，或是網頁設計、協助產品上架，以及社群經營等。為了完成這些工作，對電腦軟體技能要求也很多，熟練設計軟體是基本，還要會網路程式語法，最多要會十幾種不同類型的軟體，透露出目前設計師普遍的工作型態。

從徵人訊息也可看出目前設計師的月薪介於 26K~45K，業主對設計能力的要求多且廣，求職前應有心理準備，到底需具備什麼能力才符合業界想要的人才標準。若專業技能與作品達不到公司要求，設計師就容易找到簡單的工作，也就是所謂的完稿者，之後很少會接到創意構想的工作內容。大部分經過專業養成的設計師不會只想甘於平凡，所以養成專業技能變得極其重要。

作為一位專業設計師，無論是在發想設計構圖、排版細節與美感，都有許多細節要注意，例如圖片解析度太低導致放大畫面模糊、去背圖片產生毛邊等，其他許多設計過程會發生的小細節，都必須好好處理方能產出優質的作品，彰顯出個人的品味與專業。那麼要留意哪些細節才符合業界要求？將在此章節來作範例說明。

天勤整合行銷有限公司　　平面設計
廣告行銷公關　　更新 2022/11/16

工作資訊

工作時間：　日班　說明：09:30~19:00
休假制度：　週休二日　台北市 信義區 永吉路
工作待遇：　月薪 3.2萬 至 3.6萬元

工作內容

設計工作內容：
- 設計科系畢業（平面設計、視覺傳達、商業設計優先）
- 設計風格多元不拘泥，可自己原創設計為主
- 對平面設計各方面皆熟悉，可獨立作業
- 視覺規劃及設計，包括平面設計、活動品牌識別設計、手繪插畫書籍編排、紀念品、包裝設計、網路宣傳…等
- 製作平面文宣、大圖輸出、印刷品、紀念品、團體服印刷、
- 維護公司清潔環境

基本技能：熟悉adobe photoshop / illustrator / indesign

極佳電通有限公司　　美編/平面設計
響尾蛇、全球鷹GlobalEagle　　更新 2022/11/22

工作資訊

面議（經常性薪資4萬含以上）　新北市 三重區 重新路

＊公司對外所有相關之形象提昇、產品型錄、封面、樣本、DM等設計包裝
＊美編及文案編寫
＊熟繪圖軟體具創意設計
＊雜誌網路廣告呈現
＊熟悉公司網站及粉絲團管理

專長:
電腦／網路類：Dreamweaver、Fireworks、FrontPage、HTML、FLASH、IN DESIGN
設計／美工類：Adobe Photoshop、CoolDraw、Illustrator、

歡迎所有求職者

華麗熊行銷有限公司　　電商美編設計人員
量販流通相關　　更新 2022/11/18

月薪 3萬 至 3.8萬元　桃園市 楊梅區 中山北路

【工作內容】
熟悉Photoshop/Illustrator等繪圖軟體。
1.設計製作商品內文、網頁BANNER、各平台廣告宣傳圖
2.商品基本影片拍攝、後製剪輯（具影片製片後製能力者佳）
3.商品基本形象照 拍攝、修圖等影像處理
4.協助產品圖片網站上架
5.主管交辦事項

【條件經歷】
●需會使用PS、AI、PR等相關設計軟體經驗(軟體不限制,你會都可以!)
●常滑FB、IG，對於網路廣告呈現畫面感有概念
●喜愛挑戰、態度積極、細心負責、學習力強、溝通能力佳
●對於設計畫面美感與成品,具有自我審斷能力
●適合想多發揮自我創意想法、多風格展現的夥伴來大展身手!
●有電商經驗者可加分!

佳瑪設計工程有限公司　　平面設計師
廣告行銷公關　　更新 2022/11/18

工作資訊

月薪 3.2萬 至 4.5萬元　台中市 西屯區 黎明路

工作內容

需有業界實務設計經驗兩年以上
1. 平面設計(廣告/型錄/海報/陳列物…等平面相關設計)。
2. 包裝設計(商品設計/材質結構/標示改版…等包裝相關設計)。
3. 具美編設計、文字編排、印刷設計實務經驗。
4. CIS企業識別，Logo設計
5. 略懂網站/網頁美學視覺設計與維護。
6. 熟悉PhotoShop、Illustrator、indesige等軟體。
7. 完稿製作/合版發包(熟悉相關印刷製程)。
8. 個性開朗，樂於持續學習新知。
9. 履歷請檢附作品集

歡迎所有求職者

迪川有限公司　　平面設計師
三國鍋、川丸子　　更新 2022/11/21
餐廳／餐館

月薪 3萬 至 4萬元　台南市 中西區 府前路

工作內容

1. 餐飲相關設計應用及整合(包括Menu,店卡,文宣…等等)
2. FB發文及管理。
3. 平面設計應用及整合(包括一般及各式活動相關大圖輸出印刷品及數位呈現)。
4. 產品包裝設計。
5. 有商業攝影經驗者佳。
6. 有網頁及商品美工設計經驗佳。

美工能力：
1. 產品去背。　2. 圖片、素材組合、編排。
3. 印刷排版、發包印製。

歡迎所有求職者

奇漾整合行銷有限公司　　平面設計
會議展覽服務　　更新 2022/11/15

全職　　月薪 2.6萬 至 3.5萬元
學歷限制-不拘　　高雄市 大社區

工作內容

1.與客戶及同事商定廣告之形式、風格和預定採用之傳播媒體
2.研究客戶之產品或服務方式，確定主要銷售重點
3.將設計內容，撰寫成文稿後交付審查
4.公司對外所有相關之形象提昇、產品型錄、封面、樣本、DM等設計包裝
5.平面設計、平面廣告設計、產品設計和網頁設計的總稱
6.依顧客需求設計圖片和模型並提供版本給客戶挑選

歡迎所有求職者

圖 8-1　北中南六都設計職缺。可看出若想擔任設計師，其所需要的能力為何。

8-1 設計發想時必須理解的觀念

設計人通常擁有一顆感性的腦袋，常從美感角度思考設計好不好看，但也要透過將理性與感性互相平衡，讓感性的美可以有著理性思維，達到讓設計成品真正聚焦在客戶的需求，更讓消費者有買單的慾望。

圖 8-2　進行設計時，常會有許多張嘴在你背後下指導棋。

進行設計的過程中，不只是老闆與客戶，甚至是業務、研發等，各方人員都會想給設計師各種視覺上的意見，要求圖再大一點、文字再多一點，字體粗細、間距長短、顏色選擇等問題各執一詞、爭論不休，一時間多了好多張嘴，在背後指指點點，甚至快要定稿時客戶說：「我們老闆不滿意……」，出現老闆和溝通窗口意見不同調的狀況，要求再次修改（圖 8-2）。

以廣告公司為例，設計師常會跟業務部門 AE 觀念上有所不同，一方是美感導向一方則是客戶導向，公司運作需要兩者取得平衡，此時設計師要懂得清楚表達設計理念，說服客戶導向的業務，與業主直接溝通。溝通能力是專業設計師與同仁、老闆、客戶間，互相理解的最大橋樑。

TIPS

AE

英文 Account Executive 的縮寫，中文為廣告業務員，是廣告公司的執行負責人。更多廣告公司職位，請詳見附錄 - 廣告業常見職稱。

不懂門道的人，有時會認為平面設計很簡單：「不就是用軟體弄個幾何造型，再把顏色噴一噴，平面稿就出來了？」等到真正了解設計這一行後才會理解，設計出一張有故事跟內涵的設計稿，其實是很不容易的，製作過程必須進行非常多次溝通，才有可能清楚表現業主想要的概念。

有時候人在討論稿件時對語言文字會似懂非懂，無法清楚想像畫面，但只要透過既有影像或畫出草圖就能讓對方心領神會，知道想要傳達的理念是什麼。不僅是業主對設計師傳達需求，或是設計師對業主說明設計理念，都可以使用畫出示意圖的方法，讓對方清楚知道自己想講的內容。

設計稿件最需要注意的點，就是創意本身有問題。像是種族、宗教或政治等比較敏感的議題，執行創意的時候務必小心再小心，稍有不慎容易產生很大的紛爭，例如多芬沐浴乳廣告（圖 8-3）。2017 年沐浴乳影片廣告中，黑人女子把衣服脫下後瞬間變成白人女性，上傳至臉書後引起強烈抨擊，廣告想要強調產品的清潔力，就把黑人的膚色（污漬），洗成白人的膚色（乾淨），此概念有種族歧視的意味。後續國外網友在各大社交平台興起抵制產品的言論，CNN 評論員 Keith Boykin 在 Twitter 指出：「真是夠了！這則廣告必須全球抵制，讓這些公司明白黑人的消費力有多大。」於是多芬只得趕緊將廣告及產品下架，並對大眾道歉表示「做錯了」。

● 圖 8-3　多芬沐浴乳廣告，黑人女子脫下外衣後變為白人，帶有種族歧視意味，引發大眾抵制品牌。

早在 2011 年多芬的平面廣告就有此問題，三名模特兒膚色從深到淺站在一起，深膚色標示「使用前」；淺膚色則標示「使用後」（圖 8-4），引起許多批評。這種帶有歧視色彩的廣告，就是在創意思考時沒有注意到根本問題，這不只帶給消費者傷害，品牌的整體形象也受到難以彌補的損失。

● 圖 8-4　更早的多芬沐浴乳廣告一樣帶有種族歧視，招來強烈批評。

通常歐美廣告中，只要出現種族歧視皆會引起爭議，沒想到在日本刊登的 Nike 廣告（圖 8-5），也同樣出現歧視與霸凌的問題。廣告內容為非裔及韓裔日本學生，在校園裡受到日本學生的歧視跟欺凌，直到穿上 Nike 球鞋運動才獲得大家認可，進而展現出自信的微笑。

結果這支廣告引起日本網友極大的反彈，認為是在醜化日本人，此爭議雖帶來極高的點閱率與觀看人數，倒讚卻超過半數以上。其實這也是用另一種角度詮釋種族問題，但就因為沒有把觀念想法說清楚，才會導致後續網友反彈效應。

NIKE CM 「動かしつづける。自分を。未 を。篇」

● 圖 8-5　日本 NIKE 球鞋廣告，用不同角度詮釋種族問題，引起日本網友的反彈。

圖 8-6 是 BMW 二手車平面廣告，畫面是一位赤裸上身的性感女郎，主標題「你知道你不是第一個」，整個廣告充斥著性暗示，遊走於色情邊緣，並把女人影射成商品。標榜奢華高級的汽車品牌，廣告卻使用了物化女性的宣傳手法，引起不小批評，其行銷內容不但沒有抓住用戶的感受，還把自己的品味拉低了。無論是廣告設計或產品包裝設計，背後往往有文化習俗、宗教信仰，以及各種層面的社會禮俗約束著我們，發想創意的時候，就要非常謹慎思考創意跟社會規則是否衝突，必須將觀念加以釐清，若互相抵觸，則在社會制度的基礎下，反而會對品牌造成無可避免的傷害。

● 圖 8-6　BMW 二手車的平面廣告，把女人影射成商品。（圖片來源：GETIT01.COM）

許多人喜歡挪用名畫設計創意，希望藉此引起觀看者共鳴。然而若想要使用名畫，前提是賦予此畫新的涵義，不能單只借用原來的畫面。例如主題為「水資源」的廣告比賽，其概念是缺水，許多人選擇挪用米勒的畫作《拾穗》，但作品幾乎沒有進行創意的轉化，而是用原圖直接表現土地乾裂的慘狀（圖 8-7）。這樣直接使用原圖又沒有轉化讓其附有另外的涵義，最後只會被認為照抄、沒有創意。

● 圖 8-7　米勒拾穗原圖，與未經過創意轉化的廣告，直接進行土地乾裂的描述。

8-2 手把手實務教學的細節

當設計稿完成發布後，有時容易招來批評的語言：「這稿件想法還有些創意，但最後怎麼會這麼醜？為什麼這也可以被刊登出來？」隨著視覺畫面曝光，種種批判就會出現在臉書或是 Dcard，因此所有視覺畫面、創意構想就得要注意細節，就算是幾公分或幾毫米的差距，都會被人拿來放大審視。

業界流行一句話：「要他把成本都輸光的話，可以讓他去開咖啡廳或開餐廳，但是如果要折磨他一輩子的話，那就去開設計公司吧！」雖然只是一句玩笑，但卻真實反應了設計人的心聲。修改圖像編排的時候，常有人認為移動那 0.1 或 0.2 公分會有什麼差別嗎？雖視覺有主觀性，但是持續微調的原因，就是為了讓受眾有舒服的觀看感受。

有些學生甚至是社會新鮮人製作稿件時，常會沒有注意到許多細節，例如修圖不要只看電腦影像，電腦圖像的比例是實際原圖的 16.7%，如果將比例調整為原圖大小，許多瑕疵都會無所遁形，像是毛邊修不乾淨、物體邊線出現顆粒等問題（圖 8-8），此時就可以將圖放大到 300%~500% 仔細觀察調整。放大修邊的好處在於當圖縮回到小尺寸時，圖像邊緣的細緻度會非常好。還有將兩張圖合成時，但彼此解析度卻不一樣，畫質呈現上就會產生落差，因此必須先各別調整尺寸再進行合成。再來像是圖片汙點、沒有設定字距行距，或是連字都寫錯，這些全都是校稿需要仔細觀察的地方。訓練自己做事的嚴謹度，日後業界的要求將更勝於此，任何的小瑕疵都必須放大一一檢視，讓自己不能有任何誤差。

影像處理還需要注意安全邊際及顏色漸層（圖 8-9），如果圖像太靠近邊線，日後容易有被裁切到的危險，在排版時務必預留安全邊，一般會預留 0.8 到 1 公分左右的距離。讓人最不舒服的狀態就是圖片全擠到版面邊緣，圖與邊線距離很窄，這會讓觀者很不舒服，設計前須先思考編排版面的視覺效果，讓人擁有舒適的閱讀體驗。影像合成時，最好將影像自然地融入到底色，如將手臂與手機合成時，注意兩者接觸點是否能看出斷層，連接處理不好就會出現明顯的直線，讓觀者有違和感，建議做出顏色層次，讓視覺更顯得自然生動。

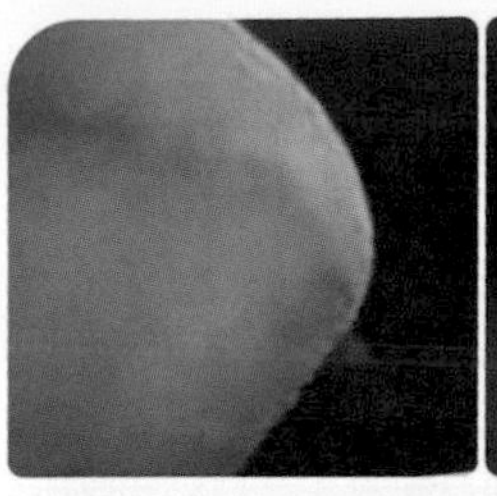
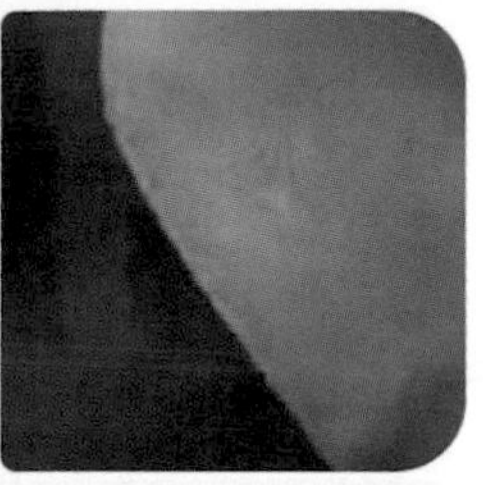

那你把手邊緣修一下，記得要放大 300%到 500 %，這樣子修改完邊線才會漂亮

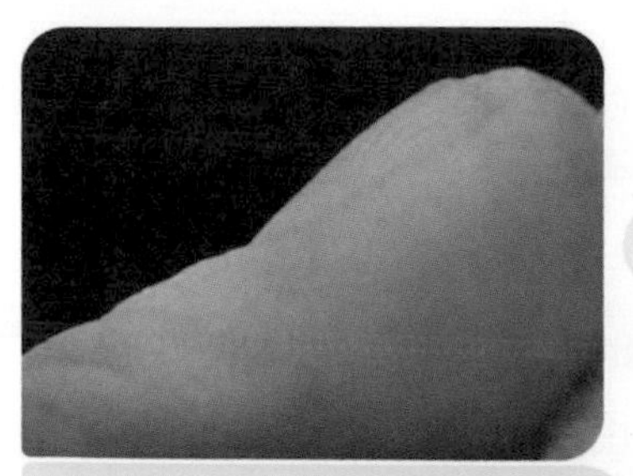

梵谷的手指部分顆粒狀比較明顯一點，你可以用濾鏡的方式來處理一下

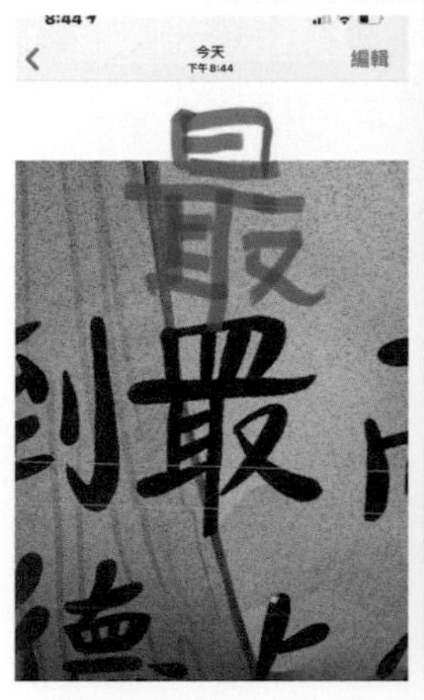

你有把你的圖放大到 300%修改嗎，放大之後縮小才會精緻，目前我放大到百分之百，都是糊糊的尤其是房子的邊線有一堆瑕疵

● 圖 8-8　許多稿件細看後出現一堆瑕疵，例如放大有毛邊跟顆粒、影像模糊、字寫錯、字距太擠。

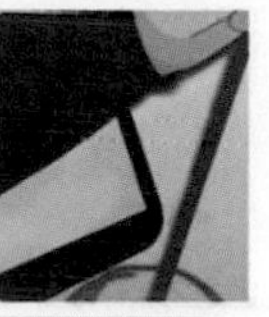

你這兩個都接近到邊線了，所以武器要縮小一點，而且你的菜刀要不要改成長條型的水果刀，不然古時候的武器跟現代的刀，形狀差異太大，一個是長的一個是寬的，而且刀頭之間也沒有辦法互相對打的感覺

你的顏色不適合再加上跟底色相類似的顏色，他比較白，你現在把它改的反而沒有原來的好了，白色加一點層次就好！

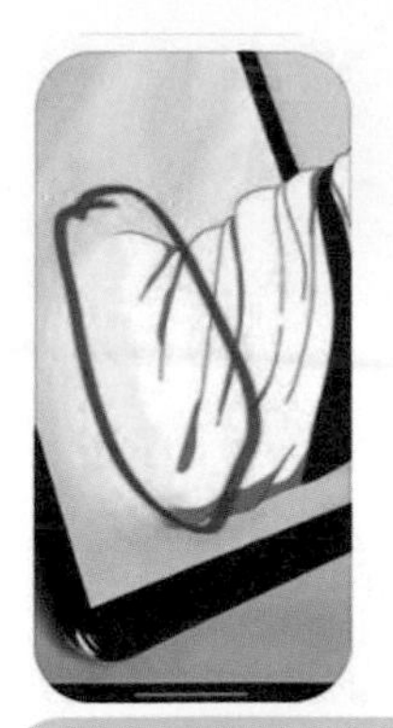

這裡要很自然地融入在你手機裡面，目前看起來都有顏色落差

● 圖 8-9　圖盡量不要太靠近邊線，要預留安全邊。影像顏色做些層次比較自然。

再來也必須注意光線與陰影的掌控，陰影關係著自然與立體感。案例為餐廳的平面廣告，此餐廳已經營幾十幾年了，因此廣告想要呈現出年代的記憶感，視覺上要有歲月的痕跡。基於此方向，在餐廳的營運裡最重要的靈魂莫過於廚師了，而廚師重要的生財器具之一是砧板，砧板上無數刀痕都代表著歲月的累積。上世代老師傅都使用那種圓形又厚又大的砧板，跟現今家庭扁長形砧板不一樣，因此使用砧板作為廣告主視覺。製作設計稿件時發現，原本應該是高厚重的砧板，看起來卻變成扁平的大餅（圖 8-10）。

最大的原因就是陰影處理不當。以瓶蓋說明厚度概念，將瓶蓋打上燈光後右側出現陰影，人眼看到陰影後大腦會自動得出此物有厚度，又厚又高的砧板，陰影肯定會因為物體的高度而產生變化，若陰影的高度感沒有做出來，就會給人平面的感覺，加強陰影後就能展現出厚重感（圖 8-11）。

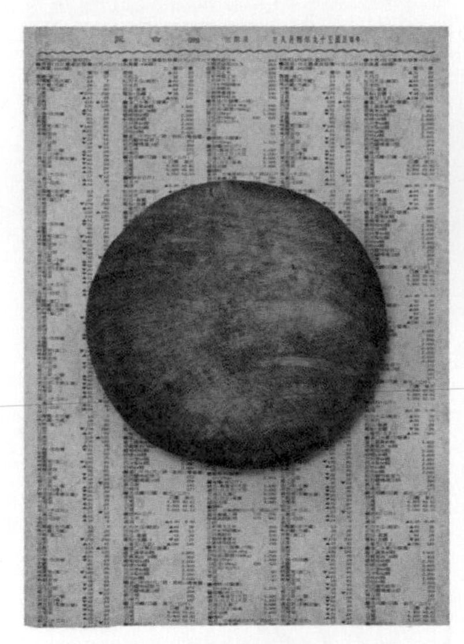

● 圖 8-10　餐廳平面廣告初稿，砧板看起來像扁平的大餅。

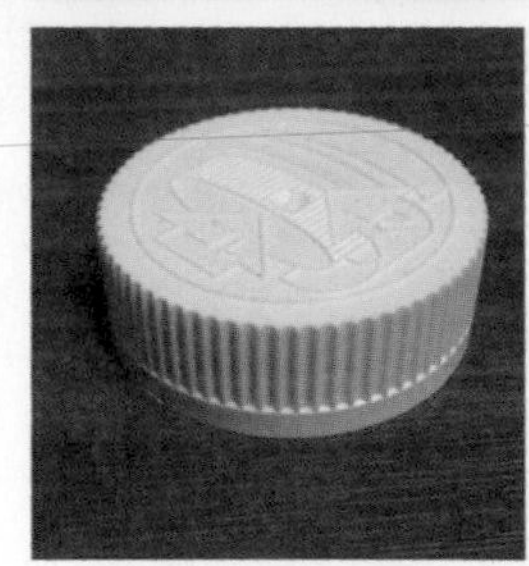

● 圖 8-11　陰影會隨著物體厚度而改變，砧板加強陰影就有了體積感。（圖片提供：張薇薇）

圖 8-12 咖啡廣告可看出光線的問題，物體上方有光源，左側也有光源，太多光源造成衣服的陰影方向混亂，無法產生立體感。光線對服裝人體的陰影有直接關聯性，創作前先決定光源位置就能避免物體扁平化的問題。

指導學生製作奶昔廣告，文案主標題為「完美綻放」，因此設計師使用含苞待放的花朵作為主視覺（圖 8-13），但視覺上不夠強烈，整體畫面沒有那麼引人注意。

建議調整為綻放的花朵（圖 8-14），改完後視覺效果就明顯許多。第四章提過版型概念，製圖時候思考想讓受眾注意到的地方，並產生視覺集中點，這是重要的一環。

圖 8-12　混亂的光線會造成立體感不足。

圖 8-13　初版奶昔廣告，視覺上不夠強烈，總覺得少了什麼

圖 8-14　修改後奶昔廣告，視覺效果與集中點明顯許多。（圖片提供：陳品樺）

8-3 從獎項看廣告執行時的修改過程

金犢獎創辦於 1992 年，我從第八屆開始擔任評審，總計 25 年的時間，算是資深評審之一。從參賽作品當中看到種種創意過程的問題，如第四章提到的策略單，此獎項有非常多策略單主題供參賽者選擇。正所謂魔鬼藏在細節中，不同主題要注意的事項不盡相同，像族群的選定不同，視覺的呈現也會不一樣。這節使用三則時報金犢獎的得獎案例，說明廣告設計在執行創意過程需要注意的事項。

案例一：卡尼爾染髮劑廣告

目標對象：15~24 歲的年輕男女

品牌個性：專為追求自我、超酷、超炫、超前衛的年輕族群所設計

此作品為卡尼爾染髮劑廣告，由徐子偉同學製作，獲得卡尼爾染髮劑項目的金獎。在創意發想之初，因為是染髮劑的廣告，大部分學生剛開始的創意點都圍繞在顏色變化，或是玩弄頭髮的風格上來作聯想，從其他學生最後的作品即可看出一二，到了評審現場更可發現，玩頭髮的比例約有九成之多，如圖 8-15，作品看起來都很精緻，像是把頭髮做成巴黎鐵塔、跟寵物染成一樣的髮色，以及用布縫出頭髮造型等。這些作品一旦拿到比賽現場，類似的創意比比皆是，最初的驚艷感當場瞬間消失，畢竟廣告拼搏的是創意獨特性，不單純只有視覺美感而已，為了讓評審留下深刻印象，在創意發想初期就得先過濾雷同率。

圖 8-15　各種玩頭髮的創意主題，一旦放到比賽現場比比皆是。

徐同學剛開始畫的草圖也是用玩頭髮的概念進行創意發想，像是把頭髮當成水彩筆、老舊相片裡的人頭髮依舊鮮豔等（圖 8-16）。這些草圖創新度不高全被我推翻，鼓勵他發想其他創意的玩法，但不要只是顏色變化那麼簡單，更應該賦予產品個性，於是他開始轉向思考如何表現特性。

因學生本人有下巴蓄鬍的習慣，在發想的過程中，就嘗試著把身體上下顛倒，將鬍子轉變成頭髮的模樣，以此概念設計初版，然而畫面感覺只是人物上下顛倒而已，無法看出頭髮概念，於是第二版要求將身體修掉，改好後卻發現嘴型不夠戲劇化（圖 8-17），再繼續進行調整。

● 圖 8-16　三張草稿中用頭髮玩創意，只有一張有不一樣的思維，將鬍子玩成頭髮的概念。

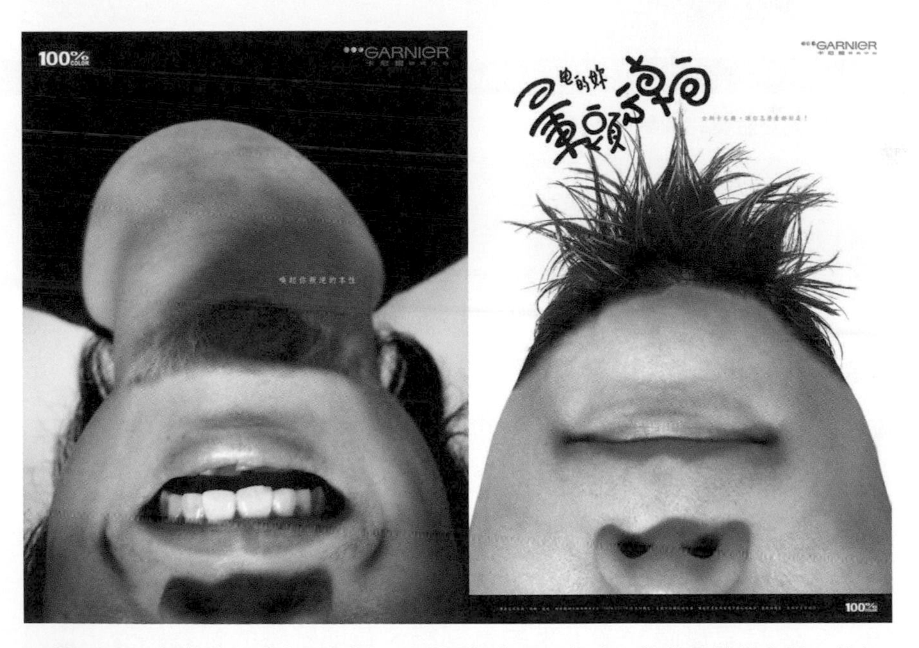

● 圖 8-17　初版將身體上下顛倒，將鬍子視為頭髮概念，但背景連接身體，較無法將鬍子想像成頭髮。第二版將身體去掉後，卻發現嘴型不夠戲劇化。

建議學生變化嘴型動作，不管是嘟嘴或嘴歪臉斜的表情都可以，畫面一定要有戲劇張力，評審才會被吸引，重新調整之後趣味十足，不但有趣也符合「玩」的精神，更讓人印象深刻（圖 8-18），此平面廣告最終榮獲卡尼爾廣告類金獎。

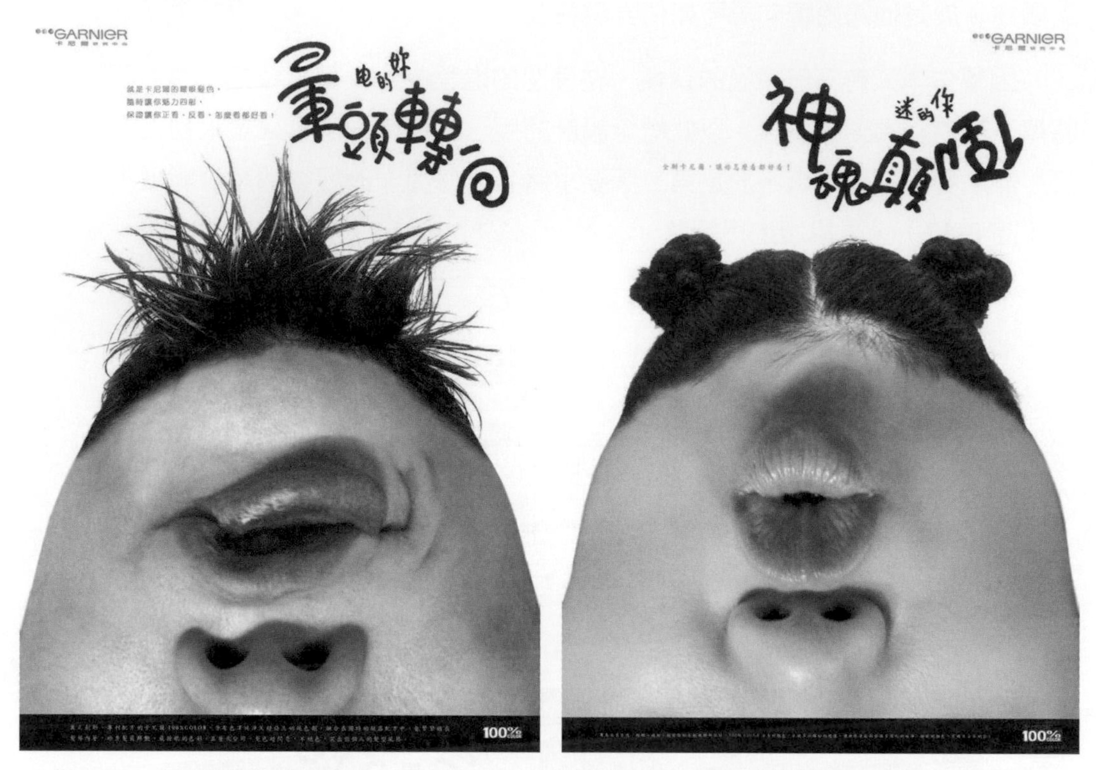

● 圖 8-18　卡尼爾類金獎完成稿—暈頭轉向篇與神魂顛倒篇。（圖片提供：徐子偉）

案例二：多樣屋生活用品公司廣告

目標對象：25~40 歲的上班族與家庭族群

品牌個性：享受生活品味，讓產品能與人還有生活，產生連動的形象

此作品為多樣屋生活用品公司的形象廣告，由張慧怡同學製作，獲得多樣屋平面銀獎與美術設計類的金獎，以下介紹發想與製作過程。學生最初畫了許多草圖（圖 8-19），像是早晨陽光灑下來的氛圍感、草地野餐的輕鬆感受，以及在沙發上冥想的悠閒感，但這些發想早已司空見慣，並不突出。

圖 8-19　最初的草圖，主題為早晨、草地、沙發。

幾經討論後，學生畫出一張因窗戶起霧，在玻璃畫出馬克杯的草圖（圖 8-20），當我看到這個概念，腦中浮現久遠以前克萊斯勒吉普車「窗外篇」的廣告，畫面是從房間的玻璃窗望出去，隱約看到遠方佈滿積雪的阿爾卑斯山，此時窗戶佈滿了霧氣，在起霧的玻璃上，用手指在山頂處畫了三條迴旋的線條，象徵著就算是雪地，仍可以開闢道路到達頂峰，找了阿爾卑斯山及類似的廣告作品（圖 8-21）作為參考，藉由實際畫面讓學生迅速了解此創意構想，接下來往玻璃起霧概念製作稿件。

圖 8-20　起霧馬克杯草圖。

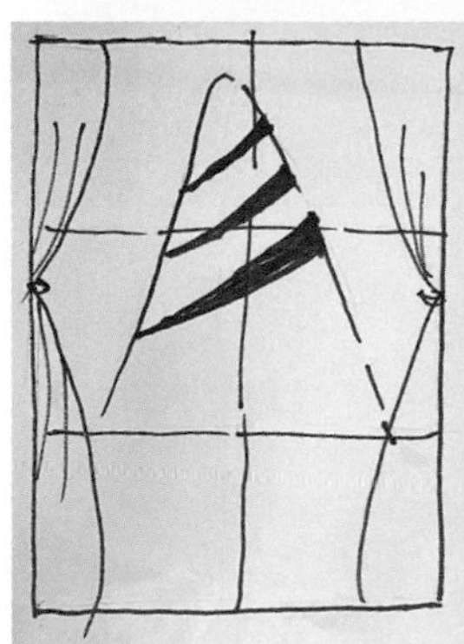

圖 8-21　稿件參考圖：吉普車廣告示意圖、阿爾卑斯山意象圖、實際運用窗戶霧氣的廣告。找實際畫面更容易想像視覺設計。（圖片提供：時報廣告獎執行委員會）

討論草圖同時定位主軸，此產品策略單訴求有質感的生活方式，而且講求人跟生活之間有所互動，最後決定採用人與人之間的關聯性，鎖定三個方向：友情篇、愛情篇與親情篇，用三張系列稿探討人跟人的關係，於是稿件整體方向定為「讓多樣屋成為體貼女性的最佳朋友、戀人及家人」。

決定好主題後再製作平面廣告，過程可說是大費周章，學生使用電腦軟體繪製窗戶起霧的咖啡杯，然而看起來沒有真實感；嘗試真的在起霧的玻璃上畫圖，痕跡細節卻讓人感到噁心（圖 8-22），所以這兩張草圖都被我退件了。

得到經驗若是用玻璃霧氣畫面觀感不佳，也沒有辦法產生出反射效果，於是改為採用鏡子起霧，學生在宿舍浴室裡不斷沖熱水讓整個空間充滿霧氣，接著用沐浴乳塗抹咖啡杯的造型來防止起霧，過程中常因水氣凝結不足，導致畫面色調平乏而屢次重拍，還因拍攝時間過長導致相機都發霉了。

最後終於完成了三張系列稿（圖 8-23）：咖啡杯篇、花瓶篇、檯燈篇，分別對應與朋友、戀人及家人的關係，視覺效果及創意構想皆出眾，榮獲多樣屋廣告類金獎。從這個案例也可以看出一張好的廣告得要花掉多少時間與心血。

● 圖 8-22　電腦合成沒有真實感。真實起霧效果卻看起來不舒服。

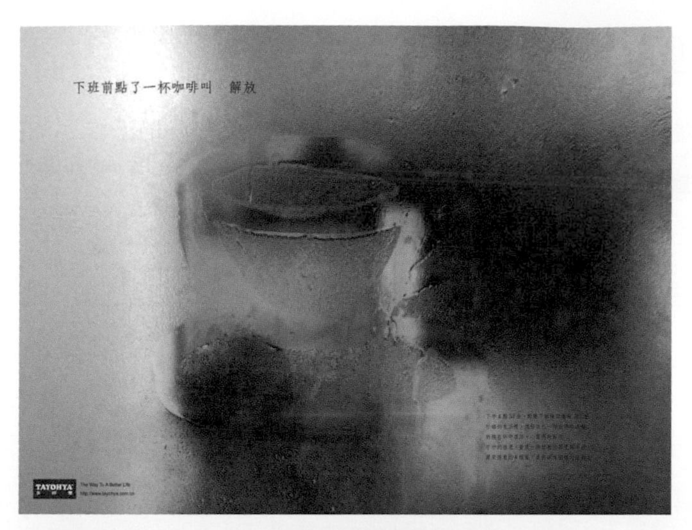

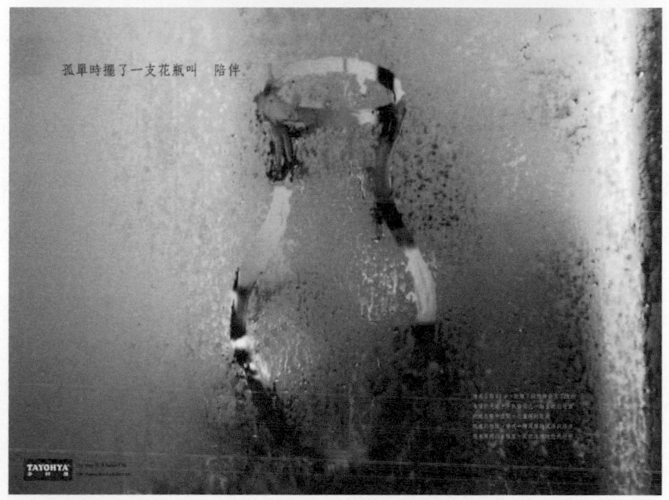

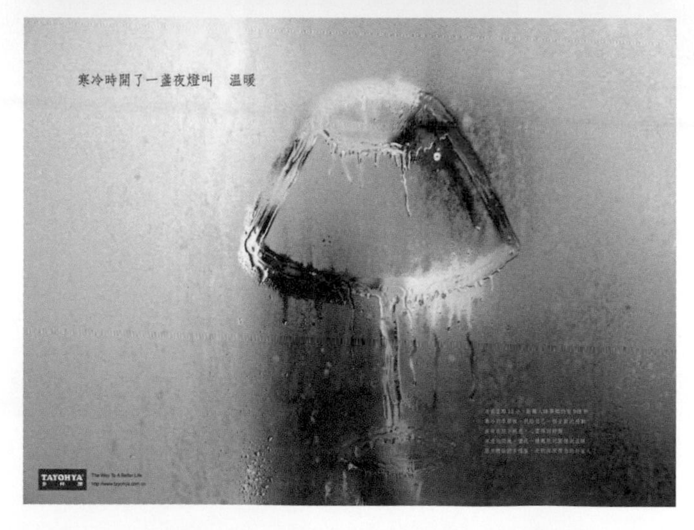

● 圖 8-23 多樣屋生活用品金獎完成稿—咖啡杯篇、花瓶篇、檯燈篇。（圖片提供：張慧怡）

案例三：GotRise 米蝦片廣告

目標對象：16~29 歲的年輕男女

品牌個性：講求酥脆且看得見蝦粒的超大蝦餅

此作品為米蝦片廣告，由劉子瑜及陳亮妤同學製作，獲得米蝦片品牌項目的金獎。由於產品策略單訴求酥脆，所以一開始學生就以蝦片的酥脆感當作創意出發點。又想到了用名人肖像畫來呈現畫面，選擇患有聽力障礙的貝多芬與梵谷作為主角，蝦片被掰開的瞬間發出酥脆聲，就連有聽力障礙的兩人都聽得見聲音，露出驚訝的表情。發想方向明確且富有創意，學生很快進入製作階段。

討論時我提出梵谷雖割下耳朵，卻不代表患有聽力障礙的意見，暫時打掉梵谷，讓學生試著找女性名人，一男一女更有對比感。後來學生發現梵谷因為精神疾病導致重度耳鳴，且無法找到適合的女性人選，於是又回頭採用梵谷做例子。圖 8-24 初版直接挪用貝多芬與梵谷的肖像畫，用張開人物嘴巴及眼睛的方式表現訝異感，但這樣的畫面呈現太過單薄，會被評審認為是直接引用而沒有將創意轉化。

圖 8-24　初版直接使用肖像畫卻只改變局部，沒有經過轉化。

圖 8-25 為第二版本，學生將人物去背轉化成粒子狀，設計理念為扳開蝦餅時，飛散的蝦餅屑顯現人物的概念。但手部看起來過於突兀，於是提出手的角度需要設計感，蝦餅屑屑要與人物碎片做出明顯連結。於是學生再將碎片進行調整，然後放上內文與標題。

● 圖 8-25　蝦片屑屑必須與人物碎片做自然的結合。

圖 8-26 為第三版本，起因為學生上網查到資料，得知 25 分貝是聽力檢測的分界點，無法聽到 25 分貝屬於輕度聽力障礙，因此聯想出主標題：「25 分貝的臨界點，就連貝多芬／梵谷也能聽見的酥脆。」但此句主標題過長影響到了內文的位置，於是簡化修改為「喚醒聽力的驚人酥脆！」。視覺部分，上一版的嘴型不夠誇張，同時進行嘴形的修改。

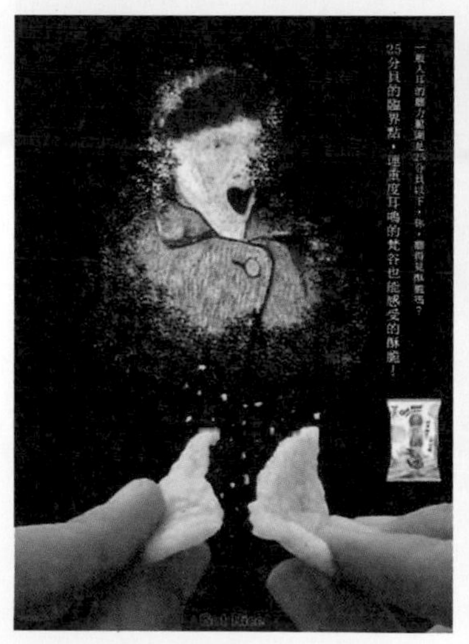

● 圖 8-26　主標題字太多，影響內文排版，需要再進行調整。

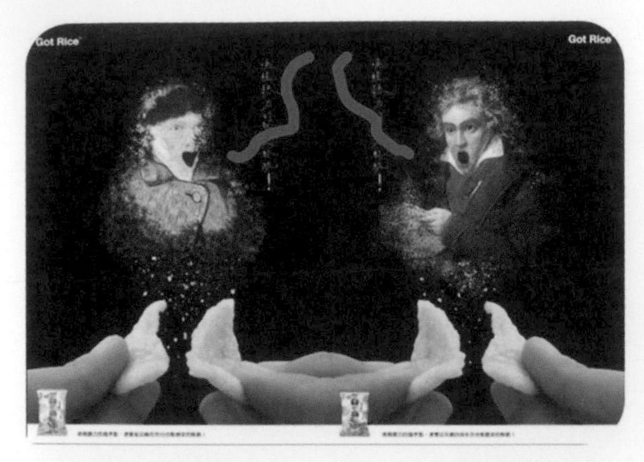

● 圖 8-27　先畫出曲線，模擬文字從嘴巴裡飛出來的感覺。

圖 8-27 為第四版，要求學生將標題再做些變化，原本直式的排版太過死板無趣，建議試著將文字像是從嘴巴裡面飛出來的感覺，有點像電影《九品芝麻官》中周星馳的角色，他在海邊一直唸一直唸，有很多文字從嘴巴裡面跑出來的感覺。做法是先畫好曲線，決定標題放在什麼位置視覺效果最好。

之後又調整了許多細節，如前所說放大後出現的毛邊必須修整乾淨，經過漫長的調整與修改，最後總算完成兩張不錯的系列稿，並且榮獲金獎（圖 8-28）。

● 圖 8-28　米蝦片金獎廣告：梵谷篇及貝多芬篇。（圖片提供：劉子瑜、陳亮妤）

8-4 從產學合作案例看設計過程

此小節藉由與政府部門合作的案子，了解商品設計的過程中，需要理解的方向，從歷史文化背景，在地族群的認同等，這些過程其實要花掉很多的心力。例如必須研究品牌背後的在地文物故事，以及地方習俗歷史，甚至是當地有什麼地標或是景點，有什麼東西可以展示給消費族群看？吸引人的點在哪？因為只有清楚知道目標族群，之後所創造的產品，才能夠成為真正富有文化認同與經濟價值的商品。

業主名稱：高雄市政府文化局 - 紅毛港文化園區

目標對象：遊覽車客群、家庭旅遊、結伴出遊、自遊客

目標年紀：40~60 歲的長青族、20~35 歲的背包客。

合作項目：紅毛港文化園區文創商品 — 吃水 感溫馬克杯（已完售）

商品定位：希望讓遊客感受到商品的歷史韻味，讓回鄉的故人找到回家的感動。

合作前園區內已有許多文創商品在販賣，提供目前市場上熱銷的文創商品、紀念品讓遊客購買，但這些商品幾乎與紅毛港無直接關聯，其中最能符合紅毛港的文創商品，便是一隻象徵紅毛港黃金時代的烏魚存錢筒（圖 8-29），由於單價過高銷售不盡理想。因此紅毛港文化園區希望透過產學合作，開發具有紅毛港意象的商品，並在園區內販售。

圖 8-29　過去的文創商品 - 烏魚陶瓷存錢筒。

設計團隊提出了多項企劃，其一為感溫馬克杯的提案，圖 8-30 為提案時的示意圖，說明溫度變化方式。文化局聽完後非常感興趣，馬克杯實用性高，感溫的功能增添商品的樂趣與創意。

此產品開發案以紅毛港產業為概念，抽取普遍民眾對於紅毛港的意象與共同記憶，和寓教於樂的文化傳承，並選擇有功能性的商品。與文化局官員溝通時，單位希望能展現紅毛港過去的文化歷史、習俗、民間故事等，也希望能將目前園區內的建築製成文創商品，篩選出代表紅毛港的意象為：歷史文化、產業發展、宗教信仰、生活環境、港口文化等五大方向，於是設計團隊以這些方向發想設計。

圖 8-30　感溫馬克杯示意圖。

經討論選定感溫馬克杯視覺元素為「大船入港」、「地標高字塔」、「園區鳥瞰圖」，繪製出三張草圖（圖 8-31），十分具有紅毛港文化意象。其中「大船入港」本身具有豐富的時代意義，紅毛港邊是高雄最具特色的觀光景點之一，如此近身看大船入港的景觀，就算是在西子灣也看不到，它不僅是原紅毛港居民共同的記憶，更重要的是，即使是非紅毛港居民，對高雄甚至是台灣人而言，紅毛港代表的是早期台灣共有的經濟富裕之象徵，因此團隊決定以大船入港作為主視覺進行發想。

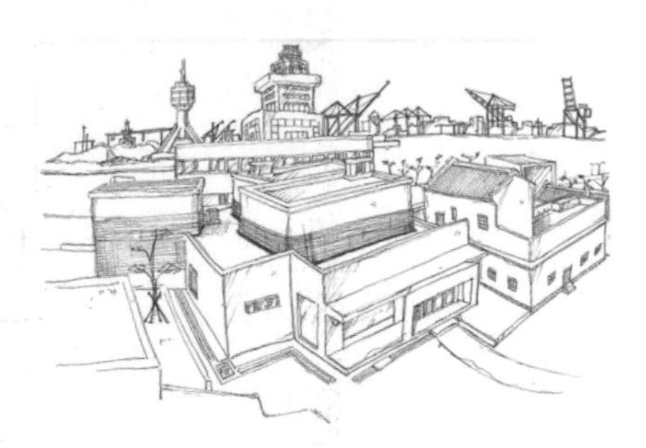

圖 8-31　三款馬可杯草圖一早期的捕魚船、地標高字塔、紅毛港文化園區鳥瞰圖。

園區內導覽員解說每艘漁船身上會漆成兩種顏色，顏色交接點就是「吃水線」（圖 8-32），當海平面超過吃水線時，說明這艘船的負重量已達上限。以消費者的角度未必清楚「吃水線」的作用，所以設計團隊試著將馬克杯結合「吃水線一旦超線了即會有危險」的概念，產品名為「吃水感溫馬克杯」。感溫馬克杯外部會隨著溫度產生顏色變化，產品的思考方式，不但可符合時下之使用機能，更可同時呼應圖案的真實作用。

圖 8-32　漁船船體漆成上下兩種顏色，交接點為吃水線。（圖片來源：紅毛港文化園區網站）

接下來實際設計視覺，首先用電繪（圖 8-33）與手繪（圖 8-34）兩種方式製作稿件，討論後決定採用手繪版本，保留線條的溫度。此版本設計理念，針對大船吃水線的特色繪製「海面上」和「海面下」兩種畫面，藉著感溫馬克杯的特性，於商品上提供有趣的「吃水體驗」，同時又傳達紅毛港的過去與現在。以大船入港為設計的主軸，運用正面以及側面看船入港的視角，在海洋的海浪之中，利用海浪的曲線與筆觸的風格，並將代表紅毛港產業之一的草蝦以及烏魚融入在其中。

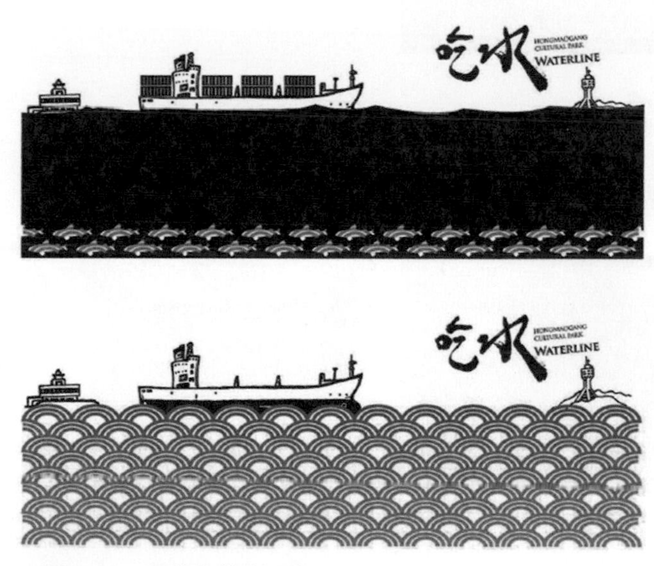

圖 8-33　電腦繪製的視覺。

圖 8-34　手繪視覺，以大船正面及側面的角度發想。

因為感溫的功能，設計時也要理解倒入熱水之前與之後，馬克杯顏色差異表現方式。圖 8-35 黑色版為馬克杯平時的樣子，圖 8-36 為倒入熱水加溫後，杯身才會浮現出藍色的海洋，海裡則有草蝦及烏魚，另外因大船入港是為了要卸貨，所以設計成加溫後船上貨物也隨之消失。

最後製成的馬克杯詢問度超高，販售現場的導覽員介紹產品時，顧客看著黑色逐漸消失，慢慢出現藍色海洋跟烏魚草蝦時，紛紛發出讚嘆聲，買好幾個送給親朋好友，衝高文創商品銷售量，比原先的烏魚存錢筒高出 76% 的業績。

● 圖 8-35　未加熱前的馬克杯，下半部海洋一片黑暗。熱水倒入之後，黑色部分逐漸消失。

圖 8-36　馬克杯加溫後，黑色部分隱去，浮現出藍色海洋及波浪，仔細看還有草蝦跟烏魚，使人有驚喜感。

9

網紅與社群媒體的活用術——

戶外廣告與未來的媒體趨勢

由於時代變遷，網路早以成為每天生活的必需品，生活、工作與交友都離不開網路，生活中也充斥著各種社群，尤其是在新冠疫情之後，這種趨勢已經不分年紀與工作型態，大眾越加依賴網路，也更融入了社群生活，因此需要去理解社群媒體的運用方式。社群媒體隨著時間不斷推陳出新，新的平台、內容紛紛出籠，也正因為環境的改變，也促使各家企業紛紛調整自身的行銷經營方式，透過不同的社群媒體跟消費者進行溝通。

在這網路狂潮的席捲下，有許多人深耕網路社群媒體吸引眾多粉絲追隨，他們即所謂的網路紅人（Internet celebrity），簡稱為網紅（influencer），意為影響者。這些網紅非常懂得與其族群相處與溝通，無論是擁有十萬或是百萬粉絲的網紅，其自帶流量的圈粉效應，完全不輸一般的明星。因明星粉絲範圍大且價碼非常高，現今企業都紛紛邀請網紅當品牌代言人，與形象相符合的網紅合作相對符合經濟效益，品牌通常參考兩項指標：粉絲互動率及粉絲成長數來決定網紅人選（圖 9-1）。

企業與網紅的合作，也會依據網紅的粉絲數量作選擇，對方是超級網紅還是中型網紅、微網紅或是奈米網紅（圖 9-2），可藉由網紅為品牌增值，讓彼此合作造就加乘效果。更可藉由網紅對粉絲的吸引力，讓品牌的關注度提高。尤其現今網路的消費對象主要是 Z 世代族群，更可以透過網紅了解此族群的習性與喜好，讓企業的品牌形象規劃，能更明確掌握市場的演變趨勢。

互動率	互動率愈高，代表KOL有實際「真粉」，且粉絲忠誠度、互動皆良好，社群號召導購力強。
粉絲成長率	代表網紅最新成長趨勢，透過漲粉率篩選，能找到人氣攀升網紅，在其合作費用較低時，提前佈局未來長尾紅利。

● 圖 9-1　網紅選擇之關鍵數據。（資料來源：Just AD）

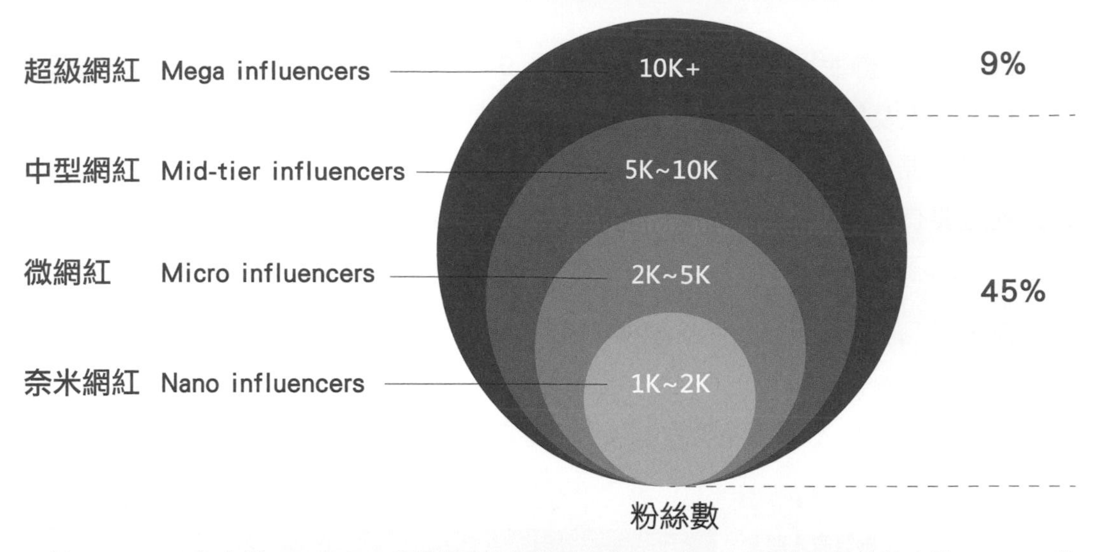

圖 9-2 2022 年台灣 Instagram 公開帳號粉絲數量及分類，有 45% 帳號為粉絲數介於 1K~10K 的奈米 ~ 中型網紅，9% 帳號為粉絲數超過 10K 的超級網紅，不論哪種網紅粉絲黏著度都非常高。（資料來源：Influenxio 圈圈科技）

9-1 自媒體與網紅的興起

自媒體（self-media、we media）指藉由網路傳遞訊息的新型媒體，也稱為個人媒體，此概念最早出現於 2002 年，國外學者稱為「媒體 3.0」，而現今此名詞早已深耕在你我身邊，像是 Facebook、Instagram、Line、微博、Podcast 等社群平台等，可說是現代人使用最廣泛的媒介了，它與傳統的四大媒體：電視、報紙、廣播、雜誌呈現方式很不一樣。每個人都擁有展示自我與專長的機會，在這個世界裡沒有任何年紀限制，只要你有網路與相關裝置，幾乎能立即打造個人品牌。

現今網路社群發展越來越趨於成熟，網紅行銷（Influencer/ KOL Marketing）在各平台可謂是捲起千層浪，尤其是在新冠疫情的干擾下眾人都減少外出，藉由網路媒體抒發情緒管道的比例增加，讓網紅市場在此情境下呈現逆勢成長。2022 年 iKala 與 Partipost 兩大網紅行銷平台，在其年度報告中指出台灣人使用社群平台比率高達九成，每日瀏覽社群的時間超過 2 小時以上。大眾也不只崇尚知名網紅，粉絲低於一萬的網紅只要有內容有流量，一樣都有強大的宣傳效果，使得「多元小眾」蔚為主流。大多數網友喜歡追蹤名人、網紅的社群帳號，找尋有趣的事物，潛移默化受到名人網紅的影響，可見得網紅對粉絲群眾的號召力。而至於好感度方面，則是以「內容真實性」最被看重，其中年輕人看重的比例達六成。

2021 年臉書使用者調查結果顯示（圖 9-3），48% 的受訪者開啟社群軟體是為了連絡家人及朋友，再來是打發時間及看新聞，單純追蹤名人與網紅的群眾比例反而不高。現今有更多人懂得運用自媒體經營個人品牌，然而在經營社群上，最困難的就是要有源源不絕的內容產出，以此增加粉絲的黏著度，這是將品牌與受眾連接在一起的不二法則。品牌與粉絲要同步成長，這樣才能使社群長久經營下去。

無論是品牌或是網紅，在現今自媒體的時代，都必須與時俱進跟著趨勢去改變才行。尤其當今數位廣告已經全方位發展成熟，品牌更要採取線上全方位佈局，全面性狙擊消費者眼光，品牌無論是運用自媒體，或是與網紅合作，這些都是可確實執行的步驟。

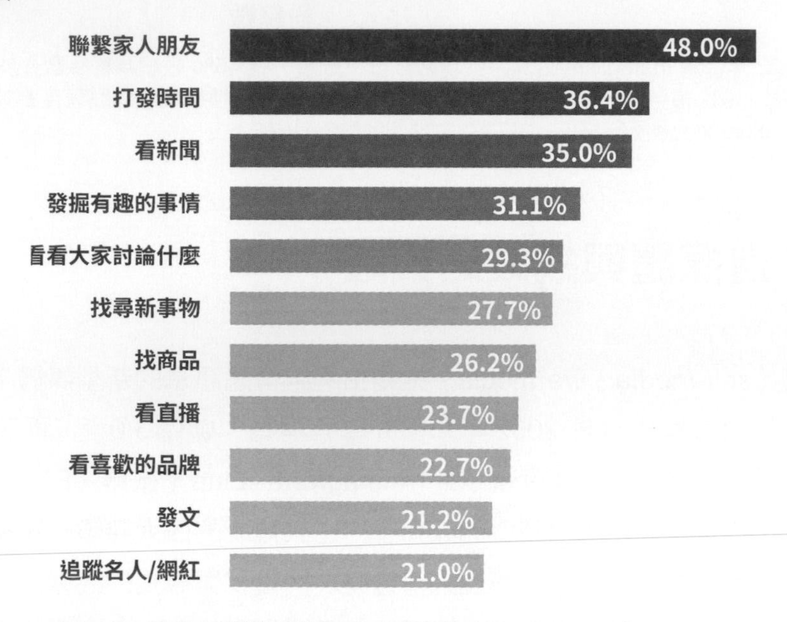

圖 9-3　開啟社群軟體的原因。（資料來源：Chanon）

一、無名小站到元宇宙

說到自媒體在台灣的歷史，其對台灣消費族群影響最深遠的，首推在 1997 年成立的「無名小站」，1997 年由 Jorn Barger 提出部落格（Blog）網站，是英文 web log 的縮寫，意思是網路日記。部落格這種運用文字搭配影像的平台，讓人能夠記錄分享日常生活的所見所聞，引起很多的追隨者，培養出許多作家。這個讓 7、8 年級生有著滿滿回憶的部落格，在當紅時期幾乎每人天天使用，也捧紅了許多的網路紅人，像彎彎、女王都是當時非常出名的部落格天后。

隨著社群平台不斷演變，不論是經營 YouTube、Facebook、IG、TikTok 或 Podcast，必定會有不同的群眾追隨，操作任何媒體都必須要做到分眾化，應用 STP 分析受眾的性別、年齡、使用頻率，選擇適合的平台以增加觸及率。

根據 2022 年台灣網路使用報告，Youtube 廣告觸及人數占全國 84.2%，男女比例相近；臉書廣告觸及人數占全國 68.5%，性別組成男女各半；IG 廣告觸及人數全國 44.2%，以女性 53.8% 為多數。經統計受眾偏好使用裝置，用戶高達 98.5% 透過手機造訪社群平台。當越了解受眾的基本信息，就可藉此增加創造出符合受眾喜好內容的機率。

自媒體不只是在創立一個頻道，難題是在後續的經營過程，為了讓粉絲能有黏著度，需要在固定時段發布內容，要怎麼做到持久更新就會是個挑戰。每天要在剪輯配音與撰寫腳本中不斷地穿梭，讓自己成為有如導演、編劇、剪輯，連行銷公關等專長都要具備的通才，因為唯有創造好的內容，才能吸引受眾的注意。如今智慧型手機持有率 89.2%，入行門檻相對低很多，若是沒有特別的獨門絕招，是很難在自媒體的市場上存活下去的。

尤其元宇宙（Metaverse）橫空出世，此種運用網路連接 3D 虛擬空間的表現方式，使受眾產生沉浸式虛擬互動空間體驗，可應用在工作或是學習各方面。元宇宙的概念來自美國作家 Neal Stephenson 的科幻小說《潰雪》，在其書中描述了網際網路的生活狀態，人類可擁有虛擬化身，且可在這個虛擬時空中，想做什麼都行。科幻電影《阿凡達》及《一級玩家》（圖 9-4）都屬於元宇宙概念，尤其是電玩遊戲更容易呈現元宇宙的世界，日後用戶皆可在元宇宙的虛擬世界中，一起生活玩遊戲，還可以跨國界進行社交活動。

● 圖 9-4　電影《一級玩家》呈現元宇宙世界觀。

J.Clement 2022 年發表全球調查結果顯示，約有 75% 的企業對元宇宙這個新形態的管道表示樂觀，看好元宇宙的未來發展，有三分之一的企業願意投資這個市場，只是目前大多數企業偏向保守，畢竟市場尚未成熟，還有很長的一段路要走，不可避免的是媒體功能越來先進轉換也越快，因此得要隨時注意潮流發展的脈動。

二、人人皆可成網紅

網紅從網路平台發跡，他們可能長期鑽研某個專業領域，例如阿滴經營英文教學頻道，他就屬於知識型網紅，在英文專業領域擁有 103 萬的粉絲追隨。也有因特殊事件一炮而紅的素人網紅，或稱話題型網紅。這些網紅都擁有自己獨特吸引人的特質，透過經營社群或影音網站而被大眾熟知，不只提升知名度還可藉此賺錢。這些自帶流量的網紅其市場定位，通常比明星更加明確，也更平易近人。

現在有越來越多年輕人想要成為網紅，根據人力銀行的調查，有四成的上班族想當網紅，20 歲以下學生族群高達八成，其中兩大主因為「工時彈性」與「工作地點自由」，加上入門門檻低，每個人都有成功的可能，這也促使許多人想拼搏看看。網紅沒有太多偶像包袱，開箱搞笑樣樣來，就有如朋友般親切，像這樣自然不做作閒話家常的模式，符合現在年輕人做自己的生活方式，反而顯得更有說服力。

網紅行銷機構 Influencer Marketing Hub 數據指出，2022 年全球網紅行銷市場規模較去年成長約 19%，約新台幣 4,592 億元，較 2016 年成長逾 7 倍之多（圖 9-5）。如今有九成企業認為網紅行銷是有效的方式，超過七成企業表示會在 2023 年後投入網紅行銷預算。因疫情讓消費行為在線上發酵，居家時間變長，促成了更大的網路消費經濟。

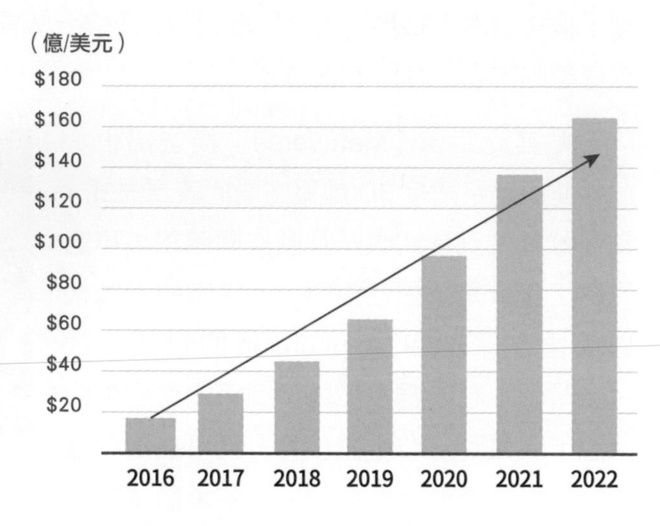

● 圖 9-5　2016~2022 年網紅市場規模成長超過 7 倍。（資料來源：Influencer Marketing Hub）

2021 年 MediaKix 行銷機構統計全球數據（圖 9-6），網紅最愛的平台是 Instagram，使用人佔多數高達 89%；FB 比例則不到 50%。而最喜愛的貼文形式則是 IG 的貼文及限時動態，FB 貼文比例已經大幅下降，只剩 23%，可看出現今網紅對媒體的選擇。

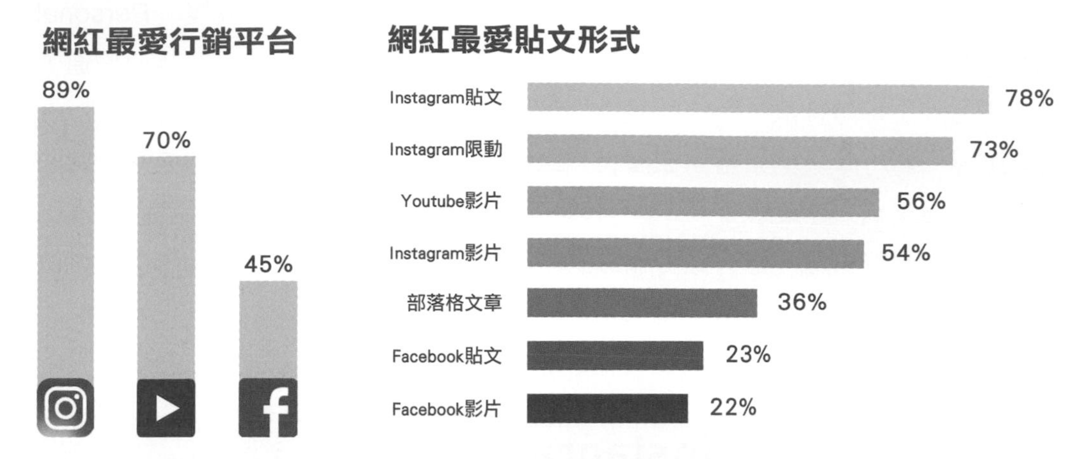

圖 9-6　網紅最愛行銷平台與貼文排名。（資料來源：MediaKix）

數位時代網站統計 2022 年台灣 100 大影響力網紅的票選名單（表 9-1），計算方式為 Facebook、Instagram、YouTube 三大社群平台，從粉絲數加上互動數及成長率來計算。在這名單中，有許多頻道在 2021 年的榜單中沒有名次，原本是名列前茅的頻道，只經過一年時間就跌出百大名次之外了。而有些頻道不到一年就迅速進入到榜中，這些在前一年沒上榜的網紅，並不是突然紅起來，都是一步一腳印的讓群眾慢慢養成收看的習慣，忍受過孤獨無人聞問的時期。由名次上下更迭的速度來看，如何能在受眾快速變化喜好的趨勢中存活下來，創造出自己的價值與區隔就顯得極其重要。

排名	名稱	類型
1	Rice & Shine	生活類
2	蔡阿嘎	生活類
3	艾瑞絲	遊戲類
4	眾量級	生活類
5	這群人	幽默類
6	貓貓蟲-咖波	動漫類
7	Nico品筠&Kim京燁	生活類
8	真雪碧 無雙ss	生活類
9	謝薇安 Vivian	生活類
10	老高與小茉	談話類

表 9-1 2022 台灣前 10 大影響力網紅。（資料來源：數位時代）

網紅本身不只是單純的個體，其社群已經屬於個人品牌經營（Personal Branding），與前幾章經營企業品牌的概念相同。首先要創造出自己的核心價值，以及確認品牌主軸是什麼，定位清楚才能吸引到有相同理念的粉絲。網紅已成為一種職業選擇，對行業就必須審慎去看待，因為門檻低競爭強，想要走得長遠，就必須訓練自己培養出「專業態度」，並不只是有網紅頭銜這麼簡單。創業容易守成難，要當網紅就得面對群眾，還有做好被酸民罵的心理準備，養成正面的心態面對，做網紅才會過得開心又長久。

9-2 社群經營 -Instagram

很多年輕族群習慣使用 IG 社群平台進行活動，且活躍率也很高。最主要的原因是年輕人現在對圖像的喜好度遠大於文字，而在 IG 上面所發布的貼文，主要以影片或是相片為主，再加上些許的文字或者是主題標籤，因此跟其他媒體相較下，IG 社群的差異性，是以強烈的視覺語言跟受眾溝通，給受眾一種緊密連結的感覺。

講到 IG 的消費族群，就不得不提到 Z 世代族群。Z 世代（Generation Z）起源於歐美的用語，泛指從 1990 年代末期到 2010 年代初期出生的族群，根據美國銀分析報告「OK Zoomer:Gen Z Primer」，2030 年全球 Z 世代的直接購買力將成長 400%，金額達 33 兆美元，占全球購買力的 27%，可見得在未來此族群品牌消費力是很龐大的。Z 世代族群是首批數位網路原生族群，從出生後就開始接觸網路，幾乎大小事都會透過社群媒體與人交流。KOL Radar 2022 年網紅行銷趨勢調查（圖 9-7）中可發現，Z 世代最常使用三款社群平台：Instagram、YouTube 和 Dcard，而 Z 世代父母輩的 X 世代，則偏好使用 FB。

	Z世代(26歲以下)	Y世代(27~40歲)	X世代(41~55歲)
TOP 1	87.4%	80.4%	81.5%
TOP 2	81.3%	78.2%	74.0%
TOP 3	68.5%	77.2%	64.2%

● 圖 9-7　XYZ 世代之常用社群平台前三名比較圖。（資料來源：KOL Radar）

據 Google 的調查顯示，Z 世代以降有 71% 的人每天投入三個小時用手機觀看影片，然而對廣告內容的注意力僅能維持 8 秒左右，因此廣告必須更簡單易懂、時間更短，短影音形式更容易讓品牌吸引年輕族群。

IG 投放廣告時，可運用主題標籤的功能，較能吸引到跟自己有相同喜好的網友，這些人即可從中得到想要傳遞的相關資訊，推播的時候也可把關鍵字放入主題標籤裡，現今有許多企業常會運用關鍵字行銷，透過搜尋引擎優化技術（SEO），當使用者輸入關鍵字時即可搜索到企業產品資訊，如此就容易提高商品訊息的曝光率，傳達給相關的用戶。

IG 發布訊息主要有三種形式：一般貼文、限時動態、直播，表 9-2 整理三種形式的內容。由於 IG 受眾以年輕女性為主，發布一般貼文時影像可強調質感吸引她們的目光，封面九宮格也可花點巧思，例如使用一面牆、棋盤狀等，統一貼文牆的風格設計（圖 9-8）。

● 表 9-2　IG 貼文的三種形式

形式	內容
一般貼文	每則貼文一段最多 10 張
	每段影片時間長度為 3~60 秒
限時動態	每則限動是以一段一張的方式呈現
	限動的影片長度最多為 15 秒
直播	每部影片數量為一段
	每部影片長度為 15 秒 ~10 分鐘

限時動態則是最吸引網友的資料形式，可加上各種濾鏡效果豐富視覺感受，或使用投票、問卷調查加強跟粉絲的互動。發布時間宜 1~2 天更新一次。發布限時動態時，帳號的頭像會出現在動態欄裡，頭像建議能與其他社群平台相同，這就像商標的概念一樣，商標如影隨形，不但增加注意力與記憶度，更可讓粉絲在最短的時間搜尋到你。

而直播與限時動態兩者主要的差異性，在於直播的影片長度較長，讓人看到更詳細的內容。若使用者通過驗證，直播時間甚至可達到 60 分鐘。

● 圖 9-8　IG 貼文牆經過設計，吸引使用者目光。（圖片來源：latlv_lg）

Instagram 自 2022 年開始簡化 APP 功能，將經營方向改為著重影音體驗，特別是短影音內容，其平台將 Reels 短影音功能重塑，並將 IGTV 下架。數位時代 2022 年 10 月的報導中，iKala 商務長顏淑花表示「在 Instagram 短影音功能 Reels 上線後，開始有許多中小型的創作者異軍突起，當觀眾都在看短影音，網紅也會加碼投入，這時品牌主投入就是搭著紅利走。」可見得品牌要懂得順應時勢、緊抓潮流為經營的心法。

9-3 社群經營 -Facebook

在眾多網路媒體，臉書是目前台灣使用最為普遍的社群平台之一，數位時代在 2021 年公布的數據中，截至 2020 年底，臉書使用的人數突破了 28 億人口。

粉絲專頁已成為許多企業與外界溝通的重要管道。根據 Facebook 的官方定義：「粉絲專頁為企業或非營利組織在此社群平台上所成立的專頁，企業組織可以藉由粉絲專頁，去分享動態訊息並與用戶建立連結。」臉書目前的發展型態，已經不只是在做商品的訊息發布而已，還可以透過此媒體讓品牌新聞，以及產品相關訊息與活動，被粉絲以及朋友群看到。

目前粉絲專頁的形象地位，就像是企業對外的發言人，隨時都在替企業做公關傳播的角色，所以許多企業都在鑽研如何透過粉絲專頁，去作相關的推廣，可以說粉絲專頁是現今企業建立其品牌形象，增加粉絲們對於品牌黏著度的重要工具。

2021 年 Hootsuite 公司調查 Facebook 演算法的報告中，得出 Facebook 對貼文進行排名時，會考慮以下要點（圖 9-9）：

1. 常與貼文互動不重複粉絲數量。

2. 貼文呈現的形式（影片、圖片等）。

3. 貼文發布後，與粉絲的互動率和留言數量。

4. 貼文發布時間。

以下小節內文將依據這四項要點，說明 Facebook 經營的策略與內容。

圖 9-9　經營 Facebook 需考慮的四項要素。

一、經營策略

Hootsuite 公司整理最適合發文的時間，發現早上 9 點和下午 2 點效果最好。另一家 Sprout Social 公司的數據則顯示，最適合發文週間在星期二、三、五，上午 9 點到下午 3 點、下班後晚上 7 點到 9 點。從兩者的數據中可發現，早上 9 點至下午時段最多人使用（圖 9-10），其原因是中午為休息時段，大家可以忙裡偷閒划划手機，訊息被注意的比例遠比其他時段來的多。當然還是要從自己的受眾做測試，才能找出最佳的發文時機。粉絲專頁除了運用動態貼文，提供品牌資訊，還能夠透過後台的相關數據資料，依照後台數據隨時修正發文時間跟內容。

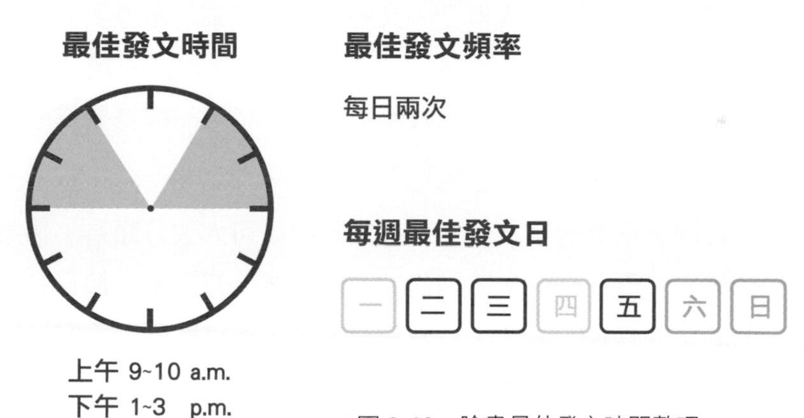

圖 9-10　臉書最佳發文時間整理。

早期的粉絲專頁主要的經營概念是靠點「讚」的方式，就可以建立起一群潛在客戶群的固定消費群眾，幾乎只需與消費者在訊息上多些互動行為，就能增加粉絲的購買慾望，提高消費顧客的比例。所以當時許多經營粉絲專頁的方式，都是以增加粉絲人數來做為對外宣傳的方式，宣傳著粉專目前已經有多少人數。

然而到了現在，常看到粉專的追蹤人數有好幾萬，可願意在貼文上按讚的比例卻是非常低，數據顯示臉書用戶平均一個月僅會按讚 8 篇的貼文、分享 1 篇貼文。按讚數若是無法轉換成觸及率的話，其效益就會大打折扣。業主大都希望看到實質效益，觸及率越高代表看到的人越多，越有機會使受眾接觸到產品訊息，更進一步點進廣告完成下單，增加轉換率。

在網路世界注意力往往只有幾秒的時間，平均集中注意力時間從 12 秒縮短至 8 秒。因此如何與受眾產生互動、短時間吸引他們的目光這兩點就很重要，現在就連各國的政治人物，也不免其俗的要成立社群經營自己的粉絲。許多大型公司會聘請專屬小編，好與受眾直接進行溝通與互動。

臉書粉絲專頁非常注重藉由發文來增加與網友的互動，以及提升受眾的好感度，若是太久沒發文，受眾很容易就此流失，造成貼文觸及率下降。要維持與粉絲的頻繁交流，每週貼文互動就顯得極其重要了。社群小編需清楚網路流行詞彙以及潮流走向，適當運用幽默感、文字與圖像的感動力與受眾搏感情。

二、內容行銷

如何去吸引到「對」的受眾族群？內文的種類與形式是最重要的，必須要仔細研究。根據 Facebook 調查結果之數據，臉書發文至少要維持每週 2 到 3 次的貼文頻率，且必須要持之以恆，才能夠看到實際的效果，畢竟品牌是要靠經年累月的時間去累積，如此才能被粉絲們牢牢地記住。

表 9-3 統整各學者研究的發文形式，經由整理後可大致分類為：情感文、關心文、互動文、活動文、產品文、生活點滴文、時事文、知識文、節日文、品牌文、議論性貼文、商展文、幕後花絮文、以及穿搭文等，由這些學者所歸納的論述中可以了解，運用不同的發文方式，除了可以傳遞企業品牌的理念之外，還可以加強與粉絲之間的信賴感與信任度，藉此表現出是有溫度的企業社群媒體形象。

下段藉由兩個案例，說明如何運用各種貼文形式。第一個範例是妙心國際旗下之「禮采」茶飲品牌，販售茶葉及無調味飲品，以時尚品味結合台灣在地天然無毒的特色茶為核心，讓消費者在喝茶之餘也能喝到健康，針對消費市場為 30 歲左右的上班族群。

另外一個範例則是非營利組織「高雄市大寮愛家園協會」，此協會為了推廣大寮地區的人文景觀以及當地的特產，透過勞動部多元培力計畫建立「山仔頂直販所」的新品牌，進行整體的品牌設計規劃，希望藉由成立臉書粉專，將大寮現有的歷史風貌、小旅行導覽路線、在地產業、開販售商品等元素，透過臉書創造更多商機，提升整體形象。

● 表 9-3　各學者對發文內容形式之分類

年代	學者	發文內容形式分類
2011	周世惠	互動文、知識文、商品資訊文、生活點滴文、活動文
2011	cacaFly 聖洋科技	時事文、互動文、品牌資訊文、季節與節慶文
2012	Brian Carter	互動文、品牌資訊文、活動文
2013	村山佳代	關心文、時事文、互動文、活動文、感謝文
2013	唐崇達	情感文、時事文、知識文、互動文、商品介紹文、生活點滴文
2013	Justin R · Levy	活動文、互動文、商品資訊文、生活點滴文
2014	林達宏	生活點滴、知識文、品牌資訊文、互動文
2015	鄭至航	情感文、知識文、互動文、關心文
2016	坂本翔	生活點滴、關心文、品牌資訊文、知識文、活動文
2016	鄧文淵	活動文、知識文、關心文、互動文、生活點滴文、節日文、商品資訊文
2017	孫于婷	關心文、品牌資訊文、活動文、知識文
2018	楊立湝	情感文、知識文、生活點滴文、議論性貼文
2018	黃逸旻	知識文、時事文、商品資訊文、關心文
2020	蔡沛君	新聞報導文、部落客文、故事文
2021	林炘埼	商展資訊文、活動文、商品資訊文、幕後花絮文、穿搭文

經營品牌粉絲專頁前，皆與業主多次討論，最終達成共識，得出最適合業主的發文形式有六種：1. 知識文、2. 關心文、3. 產品文、4. 活動文、5. 節日文、6. 前導文。表 9-3 中雖沒有前導文，但是經常看到有品牌運用，在活動或是節日前夕運用前導文預告，誘發期待心理，吸引受眾目光，讓活動更早曝光，提升訊息觸及率。

貼文以圖為主，文字為輔進行發文，目的為提升受眾對粉絲專頁的黏著度，再依照不同的時節調整，以下解說六種發文形式：

1. 知識文

「知識文」用途是傳遞該品牌的相關知識訊息（圖 9-11），在撰寫此類文章時，得先要收集多方面的資料，尤其是內容必須言之有物，不管是歷史緣由或是在地故事都必須有憑有據，才能表現專業度，在受眾心中留下專業形象。可運用知識文讓粉絲們了解產品的由來，使用淺顯易懂的文章與插圖撰寫，亦可分享與品牌屬性相關的新聞報導，能吸引到有興趣吸收新資訊的粉絲。

● 圖 9-11　禮采介紹飲品專業知識。山仔頂介紹品牌歷史故事。

2. 關心文

「關心文」即是透過對粉絲們的寵溺方式，針對粉絲們有可能需要陪伴，或需要關心的時刻有人問候（圖 9-12），畢竟每個人都會有孤獨與需要人照顧的心情，因此藉由圖文去傾聽甚至是以陪伴粉絲的方式，讓平時上班壓力大的上班族，或是為課業焦躁不安的學生，都可以由此類關心的發文，讓粉絲們感受到品牌對他們溫暖的問候，進而慢慢的培養起對品牌的信任感，藉此拉近消費者與品牌間的距離。

● 圖 9-12　禮采藉由連假對上班族的加油關心。山仔頂則是提醒保暖來做情感連接，表達對消費者的關心。

3. 產品文

「產品文」即是將產品的相關訊息與功能（圖 9-13），可運用輕鬆的圖文讓粉絲理解品牌的資訊，介紹時無需太過官腔，讓人覺得只是在販賣東西而已，強迫推銷早已不受消費者青睞。可將品牌較為生活化的一面，用自然的方式來傳達，既不教條又可以經由此管道發布訊息。在跟粉絲們互動時，也要避免負面或敏感等話題，以免讓消費者不舒服。

● 圖 9-13　禮采由於是以賣茶葉為主，因此將其採購來源以及處理方式用產品文來加以介紹。山仔頂直販所介紹其所販賣的紅豆來源，以及營養價值有哪些來做為產品文的內容，還有用可愛插圖來介紹自做的果醬搭配方法。

4. 活動文

運用「活動文」提供誘因加強跟客戶的連結（圖 9-14），此方式能迅速的將舊粉絲重新凝聚，更吸引新粉絲加入，例如以提問題送贈品，或是舉辦線上抽獎活動等，增強粉絲互動的意願。

禮采藉由兒童節推出「只要是出示分享活動的頁面，不限飲品都可以折抵 5 元」的活動，每賣出一杯就捐出一元，捐贈給喜憨兒社會福利基金會，此效果也確實增加了不少粉絲，證明是成功的方式。活動結束後也能將過程照片或影片，剪輯成活動花絮上傳，如此還可以再製造另一波的話題，也表達出品牌對粉絲的重視。

● 圖 9-14　禮采買茶捐款及抽獎活動，釋出折扣吸引眾多粉絲參加。山仔頂則舉辦萬聖節抽獎活動吸引粉絲留言。

5. 節日文

「節日文」常搭配活動文發布（圖 9-15），許多的活動都是利用節慶時進行促銷，為了避免讓粉絲感受到過度宣傳，可用簡潔的畫面吸引注意，讓粉絲感受到粉絲專頁所營造的節日氛圍。

● 圖 9-15　禮采消費族群偏知性，用簡約方式慶祝元宵節。山仔頂則用輕鬆的文案與插圖賀中秋，拉近與粉絲的距離。

6. 前導文

舉辦活動之前，即可發出「前導文」（圖 9-16），預先告知再過幾天將要舉辦怎樣的活動，讓粉絲先抱著預期心理，期待著將要到來的活動，當天立馬手刀購買。此方式除了可先進行預告之外，更可以將相關活動宣傳期拉長，讓粉絲們時時注意著粉絲專頁將要發布的訊息內容。

● 圖 9-16　禮采的節日前導文，預告著耶誕節活動即將展開，以及只剩下兩天的倒數計時方式，通知粉絲們節慶活動即將開始了。山仔頂直販所則是預告著快過年了準備大掃除，以及萬聖節剩下三天就要來臨了。

從上述範例可以得知，當在發臉書粉絲專頁貼文時，不用過於嚴肅，採用輕鬆的語法來做說明，甚至搭配一些小插圖，讓畫面整個看起來輕鬆些。如此有圖有文的交錯運用，這樣子的視覺安排會更容易吸引消費者的注意力。每種發文想要傳遞的訊息與任務不盡相同，在撰寫文案時就必須明確知道，傳達目的以及目標對象，且必須要能找出自己企業品牌的精神與風格。想要把粉絲團經營成功，前期除了要將自己的品牌定位清楚之外，本身在粉絲專頁上所呈現的品牌獨特性與一致性，就必須要貫徹執行，這樣才能讓粉絲專頁在規劃上，能夠更聚焦以及更有方向性。

9-4 社群經營 -Podcast

Podcast 在國外已經流行多年，台灣是從 2019 年下半年開始慢慢崛起，到了 2022 年 Podcast 節目類型與數量越來越多。許多網紅幾乎都是以 youtube 起家，但是自從 2020 年 Podcast 開始在台灣廣為風行之後，為了讓本身領域能夠更多元的拓展，因此有許多網紅也開始選擇了以聽覺為主的 Podcast，來做為另一種形式的轉化與族群的深耕。但在轉換的過程中，又怕觀眾認為你只是將 youtube 的影音轉化為聲音而已，擔心會有重複性的問題，因此不少網紅將兩者的內容呈現方式，也會作出不一樣的市場區隔。

例如以貓咪影片在 youtube 廣為人知的好味小姐，其在 Podcast「好味小姐開束縛我還你原形」的節目中，就不再只是像於 youtube 頻道談寵物的相關話題而已，這個節目是三個人的互動聊天，藉由節目去談論人生方向與經驗分享。Podcast 在台灣正興起，真正的營運模式還沒有成形，其營利方式遠不如 youtube 來的穩定。現今若是想要獲得穩定收入，及持續經營品牌擴展知名度，目前還是會以有影像的頻道為主。

傳統廣播與 Podcast 的差別在於，傳統廣播是透過電波去傳遞主持人的聲音，但是 Podcast 則是用行動裝置來收聽的網路廣播。傳統廣播都是即時收聽，但是 Podcast 幾乎都是錄製好再上傳，且可讓聽眾在任何時間去點選想收聽的主題以及集數，所以會比傳統的廣播方式更加方便且有彈性。

有些想經營 Podcast 的人常會認為，只要有一群志同道合的朋友聊聊天、分享日常生活，應該會有人喜歡聽吧？但問題是每天都能夠想出有趣的內容讓聽眾想聽嗎？所以是偶爾為之還是長久經營，這在心態上就會差很多。美國在 2018 年 Podcast 的分析平台數據顯示，發布超過九集以上的節目占比僅僅只有 16% 而已，可見得很多頻道僅錄製九集就放棄了。由這個結果可以得知，熱情是否能延續，且節目內容是否能持續精彩，是 Podcast 節目能否繼續經營的關鍵。

目前台灣以 Apple Podcast 及 Spotify 為主要的兩大收聽平台，根據台灣 Podcast 產業調查報告指出（圖 9-17），Podcast 在 42 歲以下的聽眾高達 96%；Spotify 平台統計其聽眾則是以 23 歲到 27 歲為主，幾乎占了全體聽眾的一半。據 Firstory 統計 2022 年收聽 Podcast 的群眾成長近 192%，28~44 歲的族群收聽比例最多，性別上女性多於男性。由此可見台灣 Podcast 的聽眾年齡族群，有越來越年輕化發展的趨勢。

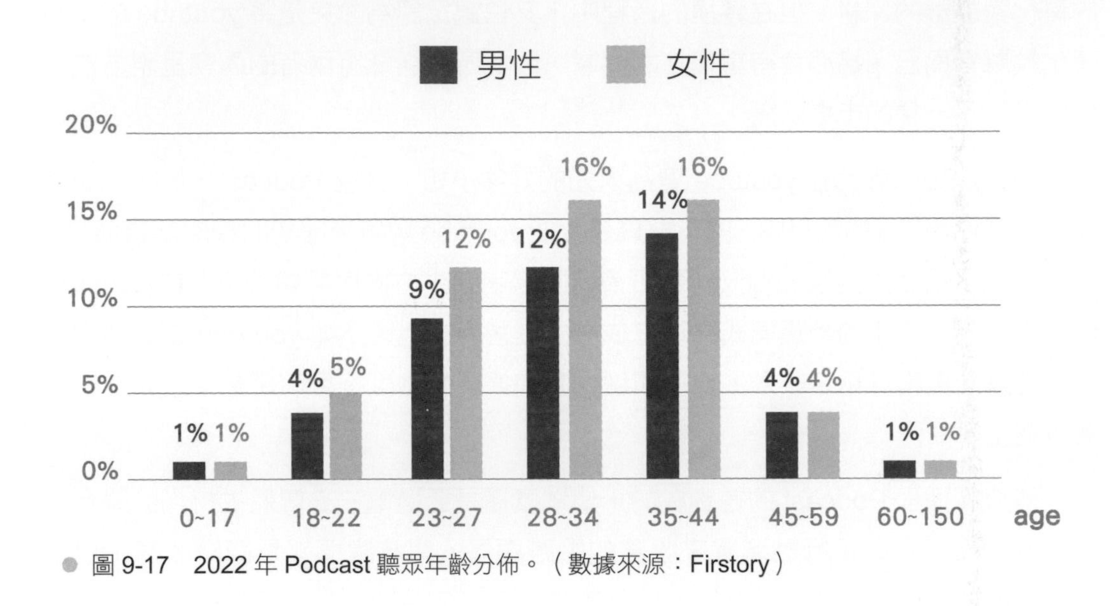

● 圖 9-17　2022 年 Podcast 聽眾年齡分佈。（數據來源：Firstory）

Podcast 的經營法則，首先仍要確認頻道的聽眾是誰，他們有沒有什麼不一樣的生活方式，或是他們的興趣與想法是什麼，談論內容是解析股票呢？談心靈雞湯？還是談女性美容？受眾喜好結合個人興趣，會讓你做出不一樣方向的內容。

平均 Podcast 單集時間約 20~40 分鐘，如何讓這 40 分鐘的內容講的精彩，有時候要花上好幾個小時來製作。錄製完之後再把適合的剪輯出來，所以花掉的時間遠比你想像的要多太多了。尤其當要去採訪來賓的時候，更要花很多的時間，去看以及去收集這些來賓的相關資料，因為這些人可能都是某些領域的專家，採訪時你提出問題也必須要有所深度才能言之有物，這樣子兩者互動所擦出的火花，才會吸引聽眾的興趣。

提供 Podcast 四個方向發想頻道內容：

1. 定位屬於哪一種類型的頻道。

2. 聽眾想要聽到的節目內容是什麼。

3. 節目的走向要怎麼規劃才能令聽眾覺得有興趣。

4. 如何透過剪輯讓內容能夠精簡又能有持續性。

Podcast 的節目大部分以幽默聊天的形式進行，比如台灣知名 Podcast 節目包含百靈果、股癌、台灣通勤第一品牌以及哇賽心理學等，以生活雜談、社會議題、主題式談話與語言類為主。從 Firstory 於 2022 年調查臺灣 Podcast 節目類別排名中顯示（圖 9-18），最熱門的是新聞、兒童與家庭、社會與文化、教育、商業、喜劇，占總數不重複下載數約 73%。

由於企業在商業領域上，需要多元性的媒體來投放廣告，業主投放廣告以臉書、IG 及 YouTube 為主。Podcast 目前還不太能讓企業看到成效，畢竟 Podcast 都無法讓聽眾看到實質的產品，業主尚不確定是否可藉由口頭詮釋產品特色營利，讓聽眾有感進而產生購買慾望。Podcast 目前投放廣告機制雖還無法成氣候，但也提供創作者以及企業不同的選擇，隨著聽眾增多或許未來會出現新模式也不一定。

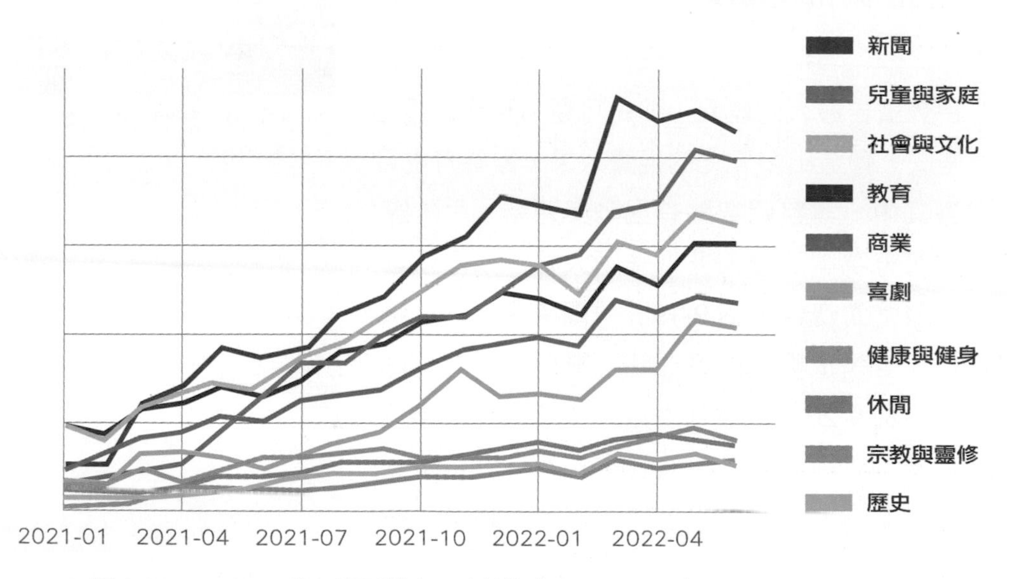

● 圖 9-18　Podcast 節目類別排名。（數據來源：Firstory）

9-5 戶外廣告因科技改變表現形式

戶外廣告（Outdoor Advertising），又稱為戶外媒體（Outdoor Media），是所有廣告形式中歷史最悠久的。隨地域性改變戶外媒體的表現方式。

一般商店在門口懸掛的招牌就是簡易的戶外廣告，最古老的戶外媒體，來源可追溯至古羅馬和龐貝古城時期，主要是指在戶外特定場所，以不特定多數對象，在一定的期間內持續提供視覺傳達溝通的廣告物（樊志育，2003）。

單從字面涵義來看，只要是在屋外看到的媒體，都可稱之為戶外廣告，目的是吸引開車族或路人的注意。城市早期的戶外廣告以文字為主，利用大型文字直接而明確的傳達廣告目的與訴求，在多元化的都市商業環境中，戶外廣告必須扮演著企業形象與產品特色相結合的角色，甚至成為都市景觀的一部分。

旗幟、海報、站牌、大型的廣告看板、高空氣球等，皆屬於戶外媒體的範疇，每一種所呈現出來的廣告效果與表現形式，除了本身廣告的內容、商品與手法之外，還要能配合適當的地點與空間裝置，並搭配都市環境與景觀的需要，營造出不一樣的視覺感受。

圖 9-19　西門町壁面廣告與液晶活動顯示板。

戶外廣告最大的差異，即是可運用整個立體的環境空間，營造出多元化的視覺效果，觀看者也可以置身其中，與整個空間有互動與連結。戶外媒體呈現可分為電子類與非電子兩大類，非電子類如：大型壁面廣告（圖 9-19）、鷹架式廣告、車體廣告甚至是飛機和熱氣球等。電子類則有：燈箱廣告（圖 9-20）、霓虹燈招牌、液晶活動顯示板等，皆可以廣泛運用於廣告中。戶外廣告是一種結合企業形象、文字、音效與高科技效果，多元呈現時間與空間的藝術。

圖 9-20　捷運燈箱廣告。

戶外廣告可歸納出以下四個特點：

1. 能見度高：此媒體放置地點在戶外，只要是處於走動狀態的人潮與或川流不息的車潮，眼睛幾乎都躲不開其視覺轟炸的宣傳方式。它的特性屬於強迫性視覺，且 24 小時佇立在那兒，讓到處走動的人都能看見，其他媒體是很難達成的。

2. 成本較低廉：以投資報酬率來說，戶外廣告比其他實體媒體來的便宜，尤其台灣的生活型態是屬於 24 小時皆有人在工作與活動，因此戶外廣告在台灣的功效，遠比其他國家要來得更加有效，時效性更長。

3. 視覺簡單化：此媒體所針對的族群，幾乎都是處在移動的狀態，因此放大字體、將字數減少，畫面顏色盡量簡單，讓消費者看到的機率就會大很多。據實驗顯示，移動中的路人，其注意戶外廣告的時間最多只有 7 秒鐘而已，因此太多無關緊要的訊息就必須拿掉，讓畫面簡單易懂。

4. 表現多樣性：戶外廣告與其他實體媒體的差異，即在於表現型式多元，且各種型式呈現都可以，幾乎不受版面的限制，可以容納各種嶄新創意去做發揮。也因為放置在戶外，更能夠與群眾接近以及互動，增加群眾駐留並拍照打卡的意願。此種有趣的視覺呈現，更能吸引消費者的注意力。

一、科技戶外媒體：3D 裸眼廣告與無人機

戶外媒體其組合性既多元且又可以跨領域，現今科技的進步，戶外媒體若能做多元性的運用，像是運用 3D 裸視的科技或將無人機的技術加以結合，就可以有更多不同的呈現內容。隨著 LED 顯示器技術推陳出新，大型螢幕看板越來越多出現在街頭上。從過去的 2D 平面廣告，進化到運用 3D 立體呈現廣告，3D 裸視科技讓觀者無需穿戴眼鏡，就可以看到許多栩栩如生的畫面，優點是不管在白天或夜晚都不影響影像效果。此種高解析度的數位影像，再搭配聲光效果，產生虛與實的錯覺，讓人們有身歷其境的沉浸式體驗。

● 圖 9-21　義享時尚廣場外牆播放著 3D 裸視的獨眼巨人，畫面栩栩如生。

● 圖 9-22　Foodpanda 吉祥物 3D 裸視戶外廣告。

運用裸眼 3D 讓「藝術 + 科技」的視覺演出方式，往往成為網路打卡的新景點，吸引群眾駐足，許多百貨公司或是展覽活動會運用此技術，例如高雄百貨公司外牆出現逼真的 3D 獨眼巨人（圖 9-21）；外送品牌 Foodpanda 也運用吉祥物 - 胖胖達製作 3D 裸眼廣告（圖 9-22）。此種超級逼真的科技，讓路過民眾都在打卡拍照加分享，後續效應驚人。

隨著科技進步，近年企業開始運用無人機進行廣告投放，因無人機起降方便、可在空中停留，做出各種燈光變化的特性，讓許多企業如獲至寶，用無人機作為廣告推播的強大武器。無人機不但可以懸掛橫幅廣告，還可以空投小紀念品，因此用無人機進行廣告宣傳，確實可收到非常大的效益。

無人機廣告投放除了可讓群眾在現場能看到壯觀的畫面之外，更可為活動營造出龐大的氣勢，大陸有粉絲動用了 200 架無人機為泰國流行女歌手 Lisa 加油。2022 年高雄燈會的無人機展演，動用了 1500 架無人機組合出許多 3D 圖案（圖 9-23），廣受好評還加碼演出，為高雄市政府宣傳正面形象。

商業廣告上，2018 年美國時代雜誌使用 958 架無人機在空中，排列出雜誌封面（圖 9-24）；而在同年大陸的手機品牌 OPPO，也運用近 200 臺的螢光無人機，在天空中形成 OPPO R15 手機造形的畫面，現場的場景讓人記憶深刻（圖 9-25）。2021 年大陸知名影片彈幕網站 Bilibili 動用 1500 架無人機，拼成一個巨大 QR Code，讓上海人只要抬頭就可以看到，用手機掃描還能開啟網頁（圖 9-26）。

● 圖 9-23　台灣燈會在高雄，動用多架無人機營造出驚人的視覺氣勢，宣傳效益龐大。

● 圖 9-24　《時代雜誌》用無人機排出 2018 年 6 月號封面（圖片來源：ETtoday 新聞雲 / 轉轉小宇宙）

● 圖 9-25　手機廠商 OPPO 運用無人機宣傳 R15 新機。

● 圖 9-26　Bilibili 運用無人機宣傳手機遊戲。（圖片來源：微博 @ 公主連接 ReDive）

如今在世界各地都可看到品牌運用無人機宣傳，此種科技化戶外廣告造成視覺震撼，顛覆許多人的想像。缺點是費用相當驚人，還有許多法規的限制，但確實可為戶外廣告呈現出不一樣的視覺思維。

隨著 5G 網路、8K 影像、AR 擴增實境、VR 虛擬實境等技術發展，此種戶外大型看板的應用將更加多元。日後可以思考如何將創意與科技互相的結合，透過互動式行銷的概念，讓路過的人們可以與此種戶外廣告進行互動，藉此設法抓住消費者的眼球與記憶度。

二、燈箱車體廣告

曾寫過一篇戶外廣告研究與實際運作的學術研究，針對燈箱廣告與車體廣告案例，數據中顯示有三項操作要點：

1. 版面部分：以呈現主題重點為原則，版面不必太花俏，只要表現出產品的特色與風格，一目了然即能達到廣告效果。

2. 色彩部分：提高明度與彩度，可以增加視覺注目度，更容易吸引群眾觀看。如果色彩數量太多、彩度過高，容易產生視覺疲勞，配色以三種色系為宜。

3. 文字部分：由於群眾觀看燈箱廣告的時間並不會很久，過多的內容訊息容易引起反感，導致群眾不想觀看，大標題平均在七個字以內是多數人較能接受的範圍，文案也盡量減少，只要傳達出訊息即可。

燈箱廣告應多加思考所在的位置，若能設置在有藝術空間或公共設施的色光環境中（圖 9-27），可讓群眾身處美好的環境裡，用較輕鬆的態度看待廣告，不僅能增加宣傳的效果，對於都市而言，提升公共環境的美觀與視覺傳達設計水平，是種進步的象徵。

圖 9-27　安納伯格攝影空間，展示燈箱藝術作品《點亮路障》。（圖片來源 :Annenberg Space for Photography）

2022 年實際進行車體廣告合作案，此案件業主是高雄漢程客運，目標是塑造電動巴士、綠能節電的品牌形象，需要重新設計車體。訴求為宣傳電動巴士，因此將車身整體設計以電池發想，傳達綠電環保概念。外部車體像是一顆巨大電池，車內則運用異次元空間的概念（圖 9-28），從座椅、走道、入口處等，融入到處流動電流意象進行設計，車頂上顯示電池充電符號，地上則有輸送帶的意象，營造出與乘客互動的感受。此產品發表記者會總共有 36 則新聞聲量，是漢程客運創立以來最多的一次，由此案例可了解簡化訊息在戶外媒體尤其重要。

● 圖 9-28　電動巴士廣告，車體外部為電池意象，內部裝潢則是電流到處流竄的效果。

9-6 未來的廣告行銷利器 -NFT

2022 年一開春有個令人瘋狂的廣告行為：周杰倫在 IG 換上了 Phanta Bear NFT（圖 9-29），瞬間引爆了台灣民眾開始注意 NFT。周杰倫旗下潮牌 PHANTACi 團隊與區塊鏈平台 ezek 合作，聯名發行限量小熊 NFT，開賣即秒殺進帳 2.8 億元，瞬間交易量竄升為全球第一名。NFT 正加速更新我們對「社群」這個名詞的定義，此種新的媒體形式正席捲全球。

● 圖 9-29　「Phanta Bear」NFT。（圖片來源：周杰倫 IG）

NFT 全名「Non-Fungible Token」，中文稱為「非同質化代幣」，維基百科定義為「一種被稱為區塊鏈數位帳本上的資料單位，每個代幣可以代表一個獨特的數位資料，作為虛擬商品所有權的電子認證或憑證」。

NFT 的獨特性在它無法被更改，而且每個 NFT 都無法複製僅此一個，交易買賣時，所有交易記錄都會被記錄在區塊鏈上。正因此種電子認證的獨特性，運用在典藏上是極具説服力的，只要是採用數位形式所發行的產品，又希望能讓人收藏，都可以使用 NFT 的形式發行。就像安迪沃荷在二元紙鈔簽了名之後（圖 9-30），這兩美元的價值就翻了好幾百倍，而這張被簽名過的紙鈔也無法複製，成為大眾爭相收藏的作品。

● 圖 9-30　安迪沃荷在二元紙鈔簽名後，使紙鈔價值翻倍。

NFT 圈內最有名的交易當屬數位藝術家 Beeple 的拍賣作品，Beeple 本名為麥克·溫克爾曼（Mike Winkelmann），從 2007 年開始的 14 年間，他每天都會創作一件數位藝術作品（圖 9-31），並上傳至網路上。之後他整理每天創作的 5,000 幅作品，匯集起來做成數位拼貼畫，取名《Everydays: The first 5000 days》（圖 9-32），在 2021 年 3 月 11 日於英國佳士拍賣會以 NFT 新型態數位資產的形式拍賣此作品，以 6900 萬美金（約合 19 億新台幣）成交售出。此種無法複製且獨一無二的特性，正可為廣告媒體大量使用數位內容的當下，提供另一個很棒的傳播管道。

● 圖 9-31　《EVERYDAYS: THE FIRST 5000 DAYS》其中一幅作品。

● 圖 9-32　《EVERYDAYS: THE FIRST 5000 DAYS》數位拼貼畫。

圖 9-33　「We are What We Eat」行為藝術及視覺呈現。（圖片來源：FineDayClub）

2022 年 EchoX 公司與國際名廚江振誠、VR 金獎導演黃心健、當代表演藝術家張逸軍聯手合作，進行了一場非常獨特的心靈饗宴「We are What We Eat」行為藝術，並發行全球第一顆「可以吃的 NFT」，活動內容也打破一般人對藝術與 NFT 結合的既定印象，將 VR、美食與表演藝術完美結合，有如一座「行動藝術精品」（圖 9-33）。只要持有 NFT，等於擁有專屬的訂位通道，可以在江振誠的餐廳內享用獨家料理，體驗深度尊貴質感。此活動不只富有實驗性，更讓社會大眾對 NFT 應用有了完全顛覆思維的新觀點。

根據市調機構 Chainalysis 數據中指出，NFT 總市值 2020 年約 3 億多美元，到 2021 年已經成長到近 410 億美元，其增值幅度實在驚人，由此可見這個市場的潛力。李依佩 2022 年在數位時代的文章中提到「區塊鏈技術改變的是藝術生產流程和商業營運模式，同時促進了數位藝術的發展、內容的數位憑證化。」由於此種數位化科技誕生，未來的商業模式必定有另一波發展，我們需要隨時注意新的發展方向，才能夠早日運用這片藍海市場。

附錄 | 廣告業常見職稱

業務部

AE	Account Executive	廣告業務
AS	Account Supervisor	業務總監
AD	Account Director	業務指導
AM	Account Manager	客戶經理
AP	Account Planner	業務企劃

創意部

CD	Creative Director	創意總監
ECD	Executive Creative Director	執行創意總監
SCD	Senior Creative Director	資深創意總監
ACD	Associate Creative Director	副創意總監
GCD	Group Creative Director	群創意總監

文案組

CW	Copywriter	企劃文案
Copy Director		文案指導
Senior Copy Writer		資深文案

設計組

Designer		設計
SD	Senior Designer	資深設計
AD	Art Director	藝術指導
AAD	Associate Art Director	副藝術指導
SAD	Senior Art Director	資深藝術指導
FD	Finisher Designer	完稿設計師

製作部

Media Planner		媒體企劃
MD	Media Director	媒體總監
Traffic	Traffic Control Specialist	製作管理

附錄｜參考文獻

1. 布萊恩．卡特著。李碧涵（譯）（2012）。讀經濟：行銷專家教你如何用臉書獲利。博碩文化出版：台北市。
2. 艾伯特．羅斯契爾。黎曉旭（譯）（2006）。品牌背後的故事：品牌經營策略與企業文化。久石文化出版：台北市。
3. 坂本翔 著。王美娟（譯）（2013）。Facebook 社群經營致富術。東販出版：台北市。
4. 李仁芳（2004）。美學經濟。中國時報人間副刊三少四壯。
5. 李依佩（2022）。數位時代 - 你認為 NFT 是藝術嗎？
   https：//www.bnext.com.tw/article/67574/do-you-regard-nft-as-art
6. 林炘埼 （2021）。設計師品牌經營新社群媒體發文操作模式之研究－以 Cynical Chéri 案例分析。實踐大學服裝設計學系碩士論文。
7. 林榮觀（1993）。商業廣告設計。藝術圖書：台北市。
8. 林達宏（2014）。Facebook 非試不可的行銷術：用 15 招心法打造你的網路行銷通路。點石成金出版：台北市。
9. 姚一葦（1985）。藝術的奧秘。開明書店：台北市。
10. 柳閩生（1987）。版面設計，初版。幼獅文化：台北市。
11. 黃逸旻（2018）。掌握社群行銷 - 引爆網路原子彈。碁峰資訊出版：台北市。
12. 黃志彥（2001）。台灣原住民裝飾圖紋在平面設計上之應用研究。國立台灣師範大學設計研究所在職進修碩士論文：台北市。
13. 周世惠（2011）。台灣臉書效應：Facebook 行銷實戰。天下雜誌出版：台北市。
14. 唐崇達（2013）。Facebook 文案讚！人財兩得的網路文案經營術。渠成文化出版：台北市。
15. 村山佳代、植木耕太、原裕、內野智仁等 著。許郁文譯（2013）。就是忍不住要按讚！ Facebook 粉絲互動最強行銷術。邦城文化出版：台北市。
16. 孫于婷 （2017）。社群媒體臉書發文形勢對新創品牌觸及率之影響 - 以妙心國際股份有限公司為例，國立高雄科技大學文化創意產業所碩士論文：高雄市。
17. 葉連祺（2003）。中小學品牌管理意涵和模式之分析。教育研究月刊，114，96-110。
18. 楊立湉（2018）。超越地表最強小編！社群創業時代：FB ＋ IG 經營這本就夠，百萬網紅的實戰筆記。如何出版：台北市。
19. 溫振華（2007）。台灣原住民史：政策篇（二）清治時期。國史館台灣文獻館：南投市。
20. 蔡沛君 （2020）。圖解臉書內容行銷有撇步（第三版）。書泉出版社：台北市。
21. 鄧文淵（2016）。超人氣 Facebook 粉絲專頁行銷加油讚 （第三版）。碁峰出版：台北市。

22.翟治平、樊志育（2002）。廣告設計學。揚智文化：台北市。

23.鄭至航（2015）。征服臉書：成功建立百萬粉絲團。布克文化出版：台北市。

24.樊志育、樊震（2003）。戶外廣告。上海人民出版社：上海市。

25.Aaker, D., & Joachimsthaler, E. （2002）. Ch. 2： Brand identity—The cornerstone of brand strategy. In D. Aaker, & E. Joachimsthaler, Eds., Brand leadership （pp. 33-50）. New York： Free Press.

26.Akbaba, A. （2006）. Measuring Service Quality in the Hotel Industry： A Study. International Journal of Hospitality Management, 25, 170-192.

27.Ashcraft, M. H. （1993）. A personal case history of transient anomia. Brain and Language, 44（1）, 47–57.

28. Biehal, G. J., Stephens, D., & Curlo, E. （1992）. Attitude toward the ad and brand choice. Journal of Advertising, 21（3）, 19–36

29.CacaFly（2011）。Facebook 精準行銷數：這樣打廣告最吸客。城邦文化：台北市。

30.E.H.Gombrich （2000）。藝術的故事。聯經出版：台北市。

31.E.H.Gombrich （2013）。圖像與眼睛 The Image & The Eye。廣西美術出版社：南寧市。

32.Erwin Panofsky （1997）。造型藝術的意義。遠流出版社：台北市。

33.Erwin Panofsky （1955）. Meaning in the visual Art：Papers in and on art history. Garden City, N.Y.： Doubleday.

34.Erwin Panofsky （1972）. Studies in iconology：Humanistic Themes in the Art of the Renaissance. New York：Harper & Row.

35.Justin R.Levy 著。劉玉文譯（2013）。親愛的，我把臉書變熱門景點！。上奇資訊：台北市。

36.John Burger（2002）。影像的閱讀。遠流出版社：台北市。

37.Lawler, E.E.（1995） The New Pay： A Strategic Approach. Compensation and Benefit Review, 27, 14-22

38.Peterson, R. A., Balasubramanian, S., & Bronnenberg, B. J. （1997）. Exploring the implications of the Internet for Consumer Marketing. Journal of the Academy of Marketing Sciences, 25（4）, 329-46.

39.Messaris, P. （1997） Visual Persuasion： The Role of Images in Advertising. Sage, London.

40.Wölfflin, H. （1950）. Principles of art history：The problem of the development of style in later art （M. D. Hottinger, Trans.）. New York： Dover Publications.

國家圖書館出版品預行編目資料

廣告設計策略與管理：打造廣告人安身立命的生存法則 / 翟治平著 . -- 初版 . -- 新北市 : 全華圖書股份有限公司 , 2023.01

面； 公分

ISBN 978-626-328-377-0(平裝)

1.CST: 廣告設計 2.CST: 策略管理

497.2 111019776

廣告設計策略與管理：打造廣告人安身立命的生存法則

作　　者 / 翟治平

發 行 人 / 陳本源

執行編輯 / 黃繽玉、林昆明

封面設計 / 盧怡瑄

出 版 者 / 全華圖書股份有限公司

郵政帳號 / 0100836-1 號

印 刷 者 / 宏懋打字印刷股份有限公司

圖書編號 / 08309

初版一刷 / 2023 年 01 月

定　　價 / 新台幣 480 元

I S B N / 978-626-328-377-0

全華圖書 / www.chwa.com.tw

全華網路書店 Open Tech / www.opentech.com.tw

若您對本書有任何問題，歡迎來信指導 book@chwa.com.tw

台北總公司（北區營業處）

地址：23671 新北市土城區忠義路 21 號

電話：02 2262-5666

傳真：02 6637-3695、6637-3696

中區營業處

地址：40256 台中市南區樹義一巷 26 號

電話：04 2261-8485

傳真：04 3600-9806（高中職）

04 3601-8600（大專）

南區營業處

地址：80769 高雄市三民區應安街 12 號

電話：07 381-1377

傳真：07 862-5562

（請由此線剪下）

歡迎加入 全華會員

● 會員獨享

會員享購書折扣、紅利積點、生日禮金、不定期優惠活動…等。

● 如何加入會員

填妥讀者回函卡直接傳真（02）2262-0900 或寄回，將由專人協助登入會員資料，待收到E-MAIL 通知後即可成為會員。

如何購買 全華書籍

1. 網路購書

全華網路書店「http://www.opentech.com.tw」，加入會員購書更便利，並享有紅利積點回饋等各式優惠。

2. 全華門市、全省書局

歡迎至全華門市（新北市土城區忠義路 21 號）或全省各大書局、連鎖書店選購。

3. 來電訂購

(1) 訂購專線：(02) 2262-5666 轉 321-324
(2) 傳真專線：(02) 6637-3696
(3) 郵局劃撥（帳號：0100836-1　戶名：全華圖書股份有限公司）
※ 購書未滿一千元者，酌收運費 70 元。

全華網路書店 www.opentech.com.tw
E-mail: service@chwa.com.tw

※ 本會員制如有變更則以最新修訂制度為準，造成不便請見諒。

廣　告　回　信
板橋郵局登記證
板橋廣字第540號

行銷企劃部　收

23671 新北市土城區忠義路 21 號
全華圖書股份有限公司

（請由此線剪下）

讀者回函卡

填寫日期：　/　/

姓名：＿＿＿＿ 生日：西元＿＿＿年＿＿＿月＿＿＿日 性別：□男 □女

電話：（ ）＿＿＿＿ 傳真：（ ）＿＿＿＿ 手機：＿＿＿＿

e-mail：（必填）

註：數字零，請用 Φ 表示，數字 1 與英文 L 請另註明並書寫端正，謝謝。

通訊處：□□□□□

學歷：□博士 □碩士 □大學 □專科 □高中・職

職業：□工程師 □教師 □學生 □軍・公 □其他

學校／公司：＿＿＿＿ 科系／部門：＿＿＿＿

・需求書類：

□ A. 電子 □ B. 電機 □ C. 計算機工程 □ D. 資訊 □ E. 機械 □ F. 汽車 □ I. 工管 □ J. 土木

□ K. 化工 □ L. 設計 □ M. 商管 □ N. 日文 □ O. 美容 □ P. 休閒 □ Q. 餐飲 □ B. 其他

・本次購買圖書為：＿＿＿＿ 書號：＿＿＿＿

・您對本書的評價：

封面設計：□非常滿意 □滿意 □尚可 □需改善，請說明

內容表達：□非常滿意 □滿意 □尚可 □需改善，請說明

版面編排：□非常滿意 □滿意 □尚可 □需改善，請說明

印刷品質：□非常滿意 □滿意 □尚可 □需改善，請說明

書籍定價：□非常滿意 □滿意 □尚可 □需改善，請說明

整體評價：請說明

・您在何處購買本書？

□書局 □網路書店 □書展 □團購 □其他

・您購買本書的原因？（可複選）

□個人需要 □幫公司採購 □親友推薦 □老師指定之課本 □其他

・您希望全華以何種方式提供出版訊息及特惠活動？

□電子報 □ DM □廣告（媒體名稱＿＿＿＿）

・您是否上過全華網路書店？（www.opentech.com.tw）

□是 □否 您的建議

・您希望全華出版那方面書籍？

・您希望全華加強那些服務？

～感謝您提供寶貴意見，全華將秉持服務的熱忱，出版更多好書，以饗讀者。

全華網路書店 http://www.opentech.com.tw　　客服信箱 service@chwa.com.tw

2011.03 修訂

親愛的讀者：

感謝您對全華圖書的支持與愛護，雖然我們很慎重的處理每一本書，但恐仍有疏漏之處，若您發現本書有任何錯誤，請填寫於勘誤表內寄回，我們將於再版時修正，您的批評與指教是我們進步的原動力，謝謝！

全華圖書　敬上

勘誤表

書號		書名		作者	
頁數	行數	錯誤或不當之詞句		建議修改之詞句	

我有話要說：（其它之批評與建議，如封面、編排、內容、印刷品質等・・・）